Meio Ambiente

Josafá Carlos de Siqueira, SJ

Meio Ambiente

Reflexões, Legados e Memórias

Edições Loyola

Dados Internacionais de Catalogação na Publicação (CIP)
(Câmara Brasileira do Livro, SP, Brasil)

Siqueira, Josafá Carlos de
　　Meio ambiente : reflexões, legados e memórias / Josafá Carlos de Siqueira. -- São Paulo : Edições Loyola, 2024. -- (Problemas sociais)

　　Bibliografia
　　ISBN 978-65-5504-367-9

　　1. Espiritualidade 2. Meio ambiente 3. Natureza I. Título. II. Série.

24-206368　　　　　　　　　　　　　　　　　　　　　　　CDD-304.2

Índices para catálogo sistemático:
1. Meio ambiente e impactos ambientais : Ecologia humana　304.2
Eliane de Freitas Leite - Bibliotecária - CRB 8/8415

Capa: Ronaldo Hideo Inoue
　　Composição sobre a imagem de
　　© grape_vein. © Adobe Stock.
Diagramação: Sowai Tam
Revisão: Paulo Fonseca
Fotos do miolo: Acervo do autor

Edições Loyola Jesuítas
Rua 1822 nº 341 – Ipiranga
04216-000 São Paulo, SP
T 55 11 3385 8500/8501, 2063 4275
editorial@loyola.com.br
vendas@loyola.com.br
www.loyola.com.br

Todos os direitos reservados. Nenhuma parte desta obra pode ser reproduzida ou transmitida por qualquer forma e/ou quaisquer meios (eletrônico ou mecânico, incluindo fotocópia e gravação) ou arquivada em qualquer sistema ou banco de dados sem permissão escrita da Editora.

ISBN 978-65-5504-367-9

© EDIÇÕES LOYOLA, São Paulo, Brasil, 2024

107939

Sumário

7   Prefácio

13 Introdução

REFLEXÕES

19 Meio ambiente: um bem comum compartilhado

25 Casa comum: sustos e alertas

31 Postura sistêmica e comportamento egocêntrico

35 A natureza como fonte de inspiração

41 A natureza esvaziada de valores

45 É preciso superar o efeito midiático das questões socioambientais

49 Na contramão da ética ambiental

55 Mundos paralelos e ameaçados

- 61 Antropoceno ou outras alternativas?
- 69 Natureza ferida: uma abordagem ética e espiritual
- 73 Pode o ser humano aprender com a natureza?
- 79 Por que falar hoje em Direito da Criação?
- 83 Somos capazes de proteger a natureza?
- 91 Natureza: um divertimento que preenche o vazio
- 95 Repensar paradigmas biológicos diante das mudanças climáticas
- 99 Razões para acreditar na inteligência das plantas
- 105 O drama de Apolo e Dafne vivido hoje na relação do homem com a natureza
- 109 Floresta Amazônica: um patrimônio nacional da humanidade
- 117 Vozes proféticas da problemática socioambiental

LEGADOS E MEMÓRIAS

- 125 50 anos de ensino, pesquisa e aprendizagem
- 135 Um pouco da história dos meus livros publicados

Prefácio

No meio do caminho tinha uma pedra, constatou o mineiro Drummond a respeito do seu próprio percurso, e deste *acontecimento na vida* suas *retinas cansadas* jamais se esqueceriam.

É de se considerar que em meio a todos os caminhos sempre haverá pedras, e que estes serão invariavelmente acontecimentos inesquecíveis. É certo que alguns poderão ser felizes ou surpreendentemente prazerosos, mas os acontecimentos-pedra sobre os quais versa o poeta, sempre marcantes, jamais serão esquecíveis.

O caminho que aqui aparece, composto por justaposição de fragmentos de reflexões, retalhos de memórias e recortes de uma produção de toda a vida, não revela, a exemplo do poema, quais seriam os acontecimentos-pedra do percurso percorrido.

Deles o leitor atento só terá notícias se for capaz de ler significados nas reiterações de escolhas e aprendizados; na recorrência da afirmação de valores éticos estruturantes e não negociáveis; na resiliência testemunhada, já que construída a cada descaminho, e na espiritualidade adensada e aprofundada a cada raio de luz que, da mesma forma que os acontecimentos-pedra, invariavelmente aparecerem em meio aos caminhos.

Esse percurso começa em Pirenópolis, em pleno Cerrado, bioma de árvores de troncos tortuosos e cascas grossas, arbustos espinhosos e frutos para iniciados: pequi, jatobá, mangaba e baru. Terra concebida pela Criação para a resiliência, a savana, dona da maior biodiversidade do mundo, de aparência árida, mas na qual a casa de origem estava feita de flores: a irmã Vanda, a mãe Orquídea, e tantas outras inflorescências cultivadas na vida cotidiana da família grande e protetora de valores cristãos.

De Goiás até o Rio de Janeiro muitas etapas foram percorridas e a cada uma delas novas epistemes somaram fundamentos aos ontológicos do Cerrado e suas flores.

A da formação acadêmica em um centro de excelência também do interior, desta vez o paulista, ecossistema cioso da sua proeminência, diversidade e singularidade, foi um trecho do caminho também percorrido sob o olhar cuidadoso de mulheres-referência no entendimento da natureza pela via da Ciência.

O aprofundamento espiritual, sob as asas libertadoras da Companhia de Jesus, seguiu a trilha de Santo Inácio subindo a Serra da Mantiqueira, em plena Mata Atlântica, e enquanto se faziam coletas e se preparavam exsicatas da Flora Friburguense, também se recolhia e preservava o religioso, com os olhos postos na natureza e o coração animado pelos valores éticos trazidos na bagagem.

O docente e pesquisador floresceram à beira-mar, junto à flora da restinga e aos fragmentos do que restou da cultura *kara'i oka*, do Tupi "casa do branco", mas o coração, em solo fluminense, ficou foi Tricolor. Na *oka* onde não há peso que lastrem asas (*Alis Grave Nil*) foram décadas de ensino, pesquisa e gestão, sempre marcados pela abertura para o diálogo, o entendimento da difícil interdisciplinaridade e o acolhimento da diversidade.

O sotaque que fala da origem sem estar falando dela nunca se apagou, assim como jamais esmaeceriam os valores éticos que brotaram em um berço de resiliência; cresceram ao longo do percurso enfrentando as pedras do caminho, e floresceram na vida e obra do caminhante, sob a forma de peculiares e inspiradoras contemplações do jardim da Criação e da obra do Criador.

Vem também de Goiás uma poetisa chamada Cora, outra buscadora da liberdade de ser e agir no mundo, refutando o supérfluo para adensar o essencial. Outra interiorana caminhante, que aproveitou pedras para delas extrair grandezas existenciais.

Em Cora o recomeço e as promessas de longa duração são poemas que adoçam a vida, como os doces que ela fazia:

> *Remove pedras e planta roseiras e faz doces.*
> *Recomeça (...)*
> *E viverás no coração dos jovens*
> *E na memória das gerações que hão de vir.*

Hoje o caminhador planta jardins bíblicos em paróquias da Arquidiocese do Rio de Janeiro. E lá vai ele, sempre norteado por mulheres-referência que, desde o princípio, pavimentaram o seu caminho.

Foram décadas a serviço da filha Universidade; hoje ele serve à mãe Igreja!

Denise Pini Rosalem da Fonseca

Introdução

Vivemos tempos paradoxais e difíceis, nos quais os discursos e as práticas sobre os assuntos relacionados com o meio ambiente não conseguem encontrar um equilíbrio entre o que se deseja e o que realmente se realiza. Se aumenta progressivamente a consciência planetária sobre os cuidados que devemos ter com a casa comum, que é o planeta onde habitamos, em igual proporção intensificam-se os processos de destruição da natureza. Nunca se falou tanto, em livros, teses, revistas, *lives*, jornais, redes sociais etc., em preservação, sustentabilidade e cuidado com os biomas e os seres vivos com eles relacionados. Nunca se divulgou tanto em entrevistas, debates e publicações sobre a devastação de florestas, queimadas, poluições e extinções. No entanto, esses paradoxos se ampliam e caminham em direções opostas, com grandes dificuldades de encontrar um equilíbrio de posturas e práticas.

Se existe um aumento de esperança em ações que efetivamente contribuem para minimizar os efeitos das mudanças climáticas e suas nefastas consequências, cresce, por sua vez, o pessimismo em mudanças significativas no comportamento do ser humano, na sua relação com a natureza. A dicotomia continua e cresce a cada dia, até o momento em que formos surpreendidos por catástrofes irreversíveis. De um lado, temos as vozes das ciências que nos aproximam de todos os seres vivos que integram a obra da Criação, alertando-nos sobre os perigos das rupturas e estragos que estamos causando nos ciclos da vida, no clima e nos recursos hídricos de nosso planeta. De outro, temos as posturas ideológicas utilitaristas, mercantilistas, imediatistas e pouco inteligentes, que se apropriam dos conceitos de sustentabilidade e desenvolvimento, de modo que incentivam criminosamente práticas destruidoras em função dos interesses econômicos, desequilibrando as cadeias biológicas vitais, negando as mudanças climáticas e apoiando os retrocessos das conquistas em questões relacionadas com o meio ambiente. Nesse movimento de avanços e recuos, a esperança caminha ao lado da descrença, onde utopias e sonhos têm dificuldades de realizar ideais que são fundamentais para a sobrevivência de um planeta ferido pelas ambições incontroláveis de quem um dia recebeu a missão de cuidar com responsabilidade do patrimônio ambiental que foi colocado pelo Criador nas mãos dos seres humanos.

Sem nenhum pessimismo existencial, nem tampouco imbuído de uma esperança utópica e sonhadora, é que celebro os meus 50 anos dedicados ao ensino e à pesquisa nas ciências da vida, particularmente na Biologia e na Botânica, incluindo as três décadas dedicadas à ética ambiental. Neste livro procuro relatar alguns dados biográficos e expressar as minhas opiniões pessoais sobre temas ambientais polêmicos, fruto de minhas experiências e reflexões. Certamente, alguns acolherão e concordarão com as minhas reflexões, enquanto outros discordarão, o que é perfeitamente razoável diante do mundo paradoxal e pluriverso em que vivemos.

Nos anos que ainda me restam, três desejos pretendo contemplar: O primeiro é o bom senso do ser humano em buscar alternativas inteligentes para enfrentar os desafios das mudanças climáticas; o segundo, os legados positivos que planetariamente estamos deixando para as gerações que nos sucederão; e o terceiro, a força resiliente da natureza para superar as feridas que nós, seres humanos, provocamos com os rompimentos das cadeias vitais e as sucessivas alterações de nossos biomas.

O autor

Reflexões

Meio ambiente: um bem comum compartilhado

Existem patrimônios que são considerados bens comuns na história da vida do planeta Terra, pois as suas trajetórias longevas e evolutivas possibilitaram o surgimento de riquezas incomensuráveis. O meio ambiente é um desses patrimônios, cuja história geológica possibilitou o aparecimento de milhares de seres vivos, vivendo em múltiplos biomas e ecossistemas. Mesmo com o desaparecimento de muitas espécies que não conseguiram sobreviver por inúmeras razões ao longo das eras geológicas, este patrimônio geográfico, climático e biológico sempre conseguiu manter as cadeias sistêmicas que garantem o equilíbrio e a originalidade de um planeta diferenciado dos demais no nosso sistema solar.

Suas transformações seguiram escalas de milhares de anos, ora recuando, ora avançando, adaptando-se às mudanças climáticas e às intempéries de cada período e era geológica. Quando a espécie humana chegou tardiamente no planeta Terra, já encontrou muitas dessas realidades transformadas e sedimentadas após inúmeras turbulências, como as configurações dos continentes, os movimentos marítimos, as cadeias montanhosas, os ciclos hidrológicos, a riqueza da biodiversidade, o equilíbrio climático, entre outras. A espécie humana, quando apareceu neste paraíso terrenal, foi aos poucos tomando consciência de que este patrimônio, generosamente doado, era um bem maior do que a nossa capacidade de manter um conhecimento proximal e profundo deste complexo vital de uma casa comum, espaço compartilhado com todos os seres viventes.

Percebemos, pela evolução de nossa inteligência reflexiva, que a natureza carrega consigo harmonia, conflito, competição, beleza, rusticidade, delicadeza e interdependência. Era de se esperar que um ser vivo que atingiu o apogeu da escala evolutiva fosse capaz de administrar esses atributos planetários com competência, inteligência e cuidado. Não faltaram advertências religiosas dizendo que o planeta é um jardim, colocado em nossas mãos para ser administrado, não como donos, mas como guardiões. A experiência parece mostrar que nem a evoluída inteligência reflexiva, como também às recomendações éticas e religiosas, produziram muitos efeitos, pois a ambição desmedida e o desejo dominador foram maiores, quebrando regras básicas, desequilibrando cadeias vitais, destruindo biomas e ecossistemas, alterando os ciclos climáticos, extinguindo espécies, e apropriando-se daquilo que foi destinado para ser um bem coletivo, acima dos interesses pessoais e corporativos.

Mesmo que esta riqueza do meio ambiente esteja geopoliticamente configurada dentro de espaços e territórios nacionais, as interrelações dos fatores bióticos e abióticos ultrapassam essas demarcações convencionais. Uma visão sistêmica de mundo nos obriga a pensar que esse patrimônio comum não pode ser visto e tratado de maneira utilitarista e mercantilista, onde o meio ambiente é manipulado, alterado e destruindo. A perda da consciência da natureza como bem comum é que está por trás dos perversos e irresponsáveis processos criminosos que alteram os ciclos climáticos, edáficos, hídricos e biológicos do único planeta vivo que conhecemos.

Para quem acredita que estamos vivendo a era do Antropoceno, deveria se perguntar se estamos ou não fazendo jus a nossa inteligência reflexiva para administrar os danos e as feridas que provocamos neste bem comum. Não basta criar uma inteligência artificial para auxiliar-nos a resolver problemas aos quais somos incapazes de solucionar, se eticamente não mudamos os nossos hábitos e comportamentos insustentáveis, destruidores e irresponsáveis. Será necessário esperar as consequências nefastas das mudanças climáticas que provocamos, para depois refazer as nossas posturas, mudar o nosso modo de ser, e voltar a viver um religamento com a natureza que fazemos e somos parte integrante? Será que continuaremos sendo irresponsáveis, deixando um legado ambiental problemático, fragmentado e desequilibrado para as gerações futuras que nos sucederão?

O imperativo ético da natureza, como patrimônio e bem comum, deve ser o fio condutor para evitar que as nossas florestas e matas sejam destruídas, os cerrados sejam queimados, a fauna e a flora sejam extintas, os recursos hídricos sejam melhor gerenciados, e que consigamos conviver mitigando e nos adaptando às irreversíveis mudanças que provocamos no clima do nosso planeta.

Casa comum: sustos e alertas

Na medida em que a crise ambiental se intensifica em nossa casa comum planetária, somos surpreendidos a cada dia com artigos e comentários fornecidos pelas ciências sobre os riscos que corremos com as alterações climáticas e seus impactos nos biomas e na sociedade. Nas sucessivas Cúpulas do Clima (COPs) se discutem os problemas, assinam-se acordos e cartas de intenção, mas, na prática, avança-se pouco no cumprimento das metas. É por isso que o Papa Francisco, na Exortação apostólica *Laudate Deum* (2023), faz uma crítica sobre algumas COPs que não conseguiram avançar em resultados concretos para a sociedade global, diferente de outras que deixaram legados importantes. Enquanto isso, os efeitos progressivos das mudanças climáticas vão sendo sentidos em diversas partes do planeta, ora atingindo regiões geográficas maiores, ora afetando territorialidades regionais menores. Os recursos para os aparatos militares no planeta crescem e consomem trilhões de dólares a cada ano, enquanto temos dificuldades de direcionar alguns bilhões que seriam suficientes para diminuir os impactos das mudanças climáticas. No meio desse impasse, aumentam as áreas de riscos, milhões de pessoas são desalojadas pelas catástrofes, cresce o número de espécies em extinção e muitas vidas humanas são ceifadas a cada ano.

Os alertas e sustos acontecem cada vez que o Painel Intergovernamental das Mudanças Climáticas (IPCC) apresenta um novo relatório climático internacional. Se de um lado o otimismo aumenta quando se vê o crescimento da consciência ambiental na sociedade, a ampliação do uso de energias alternativas, o uso das tecnologias que geram medidas mitigatórias, entre outras, o pessimismo continua quando se percebe que as temperaturas aumentam e geram ondas de calor que contribuem para as mudanças irreversíveis. Se vamos conseguir manter a temperatura global até 1,5 graus Celsius nas próximas décadas, ainda é uma pergunta que não tem resposta, mesmo sabendo dos grandes riscos que corremos se ultrapassarmos estes limites. Hoje, os dados científicos disponíveis registram a rapidez das mudanças na atmosfera e nos ambientes aquáticos e terrestres, diferente de outros períodos e eras geológicas. Será que conseguiremos não ultrapassar o limite de 1,5 ºC com uma redução drástica das emissões de CO_2, zerando no ano de 2050? Mesmo se atingirmos esta ambiciosa meta, vamos ter que conviver com uma temperatura média da terra em torno de 16 graus Celsius, dois graus a mais que no século 19, que era de 14 ºC.

O que nos preocupa com a elevação da temperatura do planeta Terra são os seguintes problemas: o desaparecimento de algumas espécies de plantas e animais, o surgimento de patógenos que geram novas pandemias, os impactos na agricultura mundial, as mudanças nos ciclos de chuvas, o aumento da desertificação, os riscos para a segurança alimentar, o crescimento das migrações ecológicas, a ampliação da escassez dos recursos hídricos e a vulnerabilidade das condições de vida dos mais pobres, tanto nos campos como nas grandes cidades.

Neste contexto, o pior dos mundos é quando estas questões tão sérias e urgentes saem da esfera da ciência para encontrar abrigo nas ideologias, dividindo a sociedade, aumentando a ignorância e apropriando negativamente da realidade para atingir fins políticos e partidários. Felizmente, pesquisas recentes feitas pelo Instituto de Tecnologia e Sociedade, em parceria com o Programa de Comunicação das Mudanças Climáticas da Universidade de Yale (USA), revelam que mais de 70% da população brasileira concordam com os dados da ciência, no que se refere às mudanças climáticas, enquanto mais de 80% acreditam que as mudanças climáticas prejudicarão as futuras gerações. É bom que tenhamos esta consciência, pois estudos revelam que o Brasil seria uma das maiores áreas terrestres expostas no futuro ao chamado calor perigoso, ou seja, quando a temperatura começar a aumentar em 1,2 °C, acima do aquecimento global atual, fenômeno que também ocorreria com a Índia e a Austrália. Em função da riqueza de nossos biomas, temos que manter uma vigilância ecológica permanente, pois tanto as queimadas como a perda de húmus no solo, em grande escala, acabam liberando o CO_2, acelerando o aumento do aquecimento global. Às vezes esquecemos que a riqueza de árvores e espécies que temos em nossos biomas é um fator importante para aumentar o acúmulo de carbono e nitrogênio no solo, que além de manter sua fertilidade, contribui para mitigar as mudanças climáticas globais. Oxalá este aumento da consciência ambiental da maioria dos brasileiros possa assegurar um lugar de destaque do nosso país nas grandes discussões das futuras COPs, evitando retrocessos e garantindo uma concretização mais efetiva das grandes metas propostas. O relógio das mudanças planetárias está correndo e não podemos mais esperar, pois o que não gostaríamos é que chegássemos a um impasse onde os processos mitigatórios perderiam validade, restando-nos apenas a triste realidade de uma adaptação em escalas que ultrapassam os limites de nossa capacidade de viver sustentavelmente no planeta que é a nossa casa comum.

Postura sistêmica e comportamento egocêntrico

Com frequência temos que nos perguntar: por que nós, seres humanos, mudamos de postura em relação à natureza? Embora os nossos povos tradicionais e originários tenham mantido uma relação mais proximal com a natureza, aprendendo com ela no seu modo de ser e sobreviver, ou criando mitos para entender os seus mistérios, esta postura deixou de ser vivida e vivenciada pelas nossas culturas urbanas. Ainda que as inúmeras culturas tradicionais existentes, que fazem parte de nossa brasilidade, conservem em seus *ethos* esta visão sistêmica de uma relação mais integrada com o mundo ao seu redor, este paradigma, embora fascinante, não consegue ser incorporado no nosso modo de ser e agir na sociedade citadina.

Não podemos negar que alguns traços longevos podem ser observados em pessoas que viveram no passado em pequenas cidades interioranas, onde a natureza circundante dos biomas ajudou no conhecimento e relacionamento com a fauna e flora daqueles lugares. Na verdade, esta realidade ficou no passado, pois no contexto presente, tanto no interior como nas grandes cidades, a cultura está predominantemente marcada por um olhar do ser humano mais ensimesmado, mesmo com o surgimento dos meios eletrônicos de comunicação. Ainda que a internet nos facilite o acesso a dados e informações sobre aspectos ligados ao meio ambiente e à biodiversidade, a nossa relação com a natureza é profundamente marcada por experiências teóricas, pois estamos perdendo a capacidade de contemplar detalhes, de tocar com as mãos e de observar com os olhos as diferenças e singularidades ao nosso redor. O fascínio com a telinha do celular tem mudado o nosso comportamento, pois estamos ficando mais egocêntricos, dando pouca importância ao mundo paralelo que está ao nosso redor, não ouvindo mais os sons, ruídos e detalhes que advém tanto da natureza como da realidade socioambiental da qual somos parte integrante.

Não é de se estranhar que nos meios acadêmicos e intelectuais se discutam a importância de um resgate da visão sistêmica de mundo, questionando as inúmeras visões fragmentadas que têm gerado a perda de um olhar mais integrador da realidade social e ambiental. Ainda que utopicamente seja algo difícil de ser realizado, não deixa de ser um questionamento necessário, pois a pluralidade de nossa liberdade está sempre aberta para a relação com outros, com a natureza e com a dimensão transcendente da existência humana. A vivência exagerada da singularidade da liberdade acaba resultando no fechamento do ser humano em si mesmo, gerando comportamentos egocêntricos e distanciando as pessoas do mundo real, e paralelo, que acontece ao nosso redor: o mundo das plantas, o mundo dos pássaros e mamíferos, o mundo dos insetos, o mundo dos peixes, o mundo silencioso dos microrganismos, entre outros. Esses diversos mundos, com seus hábitos, comportamentos e dinâmicas, acontecem independente do nosso modo humano de ser, embora, por vezes, se encontrem ameaçados, feridos e modificados pelo nosso comportamento interventor e destruidor da natureza. Com frequência pagamos um preço alto pelas alterações que provocamos nas dinâmicas desses mundos paralelos, mesmo conscientes de que as ciências que construímos têm nos dotado de inteligência e habilidade para reatar relações, preservar vidas e construir alianças entre os diferentes mundos.

Talvez a melhor maneira de superar esta tendência egocêntrica do ser humano seja insistir na mudança ética de postura, procurando resgatar alguns valores dessa visão mais integradora do mundo, mesmo diante da realidade concreta de nossa cultura urbana e citadina. Se conseguirmos unir o fascínio da racionalidade técnica com a sensibilidade das novas gerações pelo meio ambiente, quem sabe lançaremos as bases concretas de uma nova e necessária visão sistêmica, que certamente fará a diferença nas gerações que nos sucederão. É preciso acreditar que o impossível atualmente pode se tornar possível em um futuro ao qual não temos acesso.

A natureza como fonte de inspiração

O contato e o conhecimento que vamos adquirindo na nossa relação com a natureza, além de nos enriquecer interiormente pela grandeza do amor existente na diversidade de formas, detalhes e singularidades, é também uma escola de aprendizagem que ilumina a nossa inteligência, ajudando-nos a compreender que existem pluriversas maneiras de viver a beleza da vida. Se através dos povos tradicionais e originários aprendemos que somente pela visão sistêmica é que conseguimos nos sentir parte e nos relacionar de maneira mais existencial com o mundo ao nosso redor, hoje temos áreas da ciência, como a biomimética, que procura estudar as estruturas e funcionamentos biológicos dos seres vivos para reproduzi-los, tecnologicamente, em projetos autossustentáveis. Mais do que uma tentativa de imitação dos mecanismos funcionais do mundo da natureza animal ou vegetal, esta área de conhecimento nos ajuda a redescobrir novos valores e repensar alguns conceitos que foram construídos numa racionalidade muito centrada em nós mesmos. Inúmeros são hoje os projetos arquitetônicos, inspirados em modelos morfológicos e comportamentos de animais e vegetais, que resultam tecnologicamente em construções, máquinas e estruturas à serviço do bem-estar da sociedade. A biomimética requer não apenas uma visão sistêmica na nossa relação com a natureza, mas também uma aguçada capacidade de ver os detalhes morfológicos, as formas, as interações e os diferentes hábitos e comportamentos dos seres vivos.

No entanto, tais inspirações biomiméticas ainda confrontam alguns conceitos de natureza, que cientificamente foram sendo elaborados ao longo da história, abraçadas por alguns e criticadas por outros. Os que se apoiam no conceito conflitivo, onde na natureza predomina a luta competitiva dos mais fortes, certamente encontrarão dificuldades em reproduzir mimeticamente em tecnologias sustentáveis, pois a maioria das cadeias e ciclos da vida entre os seres vivos acontece através de processos de cooperação mútua. Embora haja competição, tanto entre os seres vivos entre si como com outros elementos da natureza (água, luz, nutrientes etc.), o grande sucesso evolutivo do ciclo da vida se deu a partir da convivência entre às diferenças. Se a competição aparece mais forte no mundo animal, o mesmo não acontece na maioria dos casos no mundo vegetal, onde existem maneiras inteligentes de competir sem eliminar o outro, resultando numa convivência apoiada nas diferenças que estão ao seu redor. Se alguns exemplos de fortaleza nas formas biológicas são inspiradores para a biomimética, muito mais são as estruturas frágeis que funcionam mutualmente, embora mais complexas de serem transformadas em modelos tecnológicos à serviço da sociedade.

Olhar a natureza na perspectiva de uma seleção natural, onde a força do mais forte elimina os mais fracos, pode ser hoje algo perigoso, sobretudo quando atribuímos ao ser humano o senhorio sobre todas as coisas, justificando a apropriação da natureza como se fôssemos donos e proprietários, concepção que tem contribuído para a destruição da natureza e extinção de muitos dos seres vivos. Por sua vez, uma postura sem dúvida melhor consiste na ênfase à dimensão mutualista existente na natureza, pois nela compreendemos melhor as relações cooperativas e colaborativas, servindo de paradigma para os modelos arquitetônicos mais interativos, apoiados em fragilidades funcionais. Um olhar mais microscópico sobre as relações mutualistas existentes na natureza, certamente aumentará o desejo humano de reproduzir tecnologicamente para o mundo dos humanos aquilo que há de mais belo e singular na natureza que nos circunda.

Vivendo em um contexto de mudanças climáticas, onde somos levados a buscar alternativas de mitigação e adaptação, os modelos cooperativos e mutualistas são os melhores para os processos inovadores e criativos. Infelizmente, a redução de nossos biomas e ecossistemas tem banido da casa comum planetária muitos dos seres vivos, podendo assim constituir um fator limitante para a biomimética, pois muitos dos animais e vegetais não poderão servir de paradigma para os modelos arquitetônicos tecnológicos, pois suas populações estão reduzidas e suas presenças cada vez mais raras de serem encontradas na natureza.

O nosso grande desafio, se queremos ter a natureza como fonte inspiradora, é não deixar que o fascínio pela racionalidade tecnológica sobreponha ou ofusque o brilho do desejo que o ser humano tem de aproximar, conhecer e reproduzir a riqueza de formas, cores, detalhes e mecanismos de cooperação existentes na natureza. A biomimética é a expressão tecnológica de um desejo humano de conhecer, imitar e reproduzir, em objetos utilitários, uma pequena porção do que existe de abundância na natureza. Certamente estaríamos cientificamente muito mais avançados se tivéssemos a natureza como paradigma inspirador para as nossas criações e inovações, pois assim aproximaríamos as duas racionalidades imprescindíveis, a tecnológica e a axiológica.

A natureza esvaziada de valores

As mudanças climáticas, a perda da biodiversidade, o aparecimento de novas pandemias e as injustiças socioambientais estão todos relacionados com dois contravalores: a visão da natureza como objeto e o olhar mercantilista sobre a Criação. Infelizmente, estes dois contravalores têm sido priorizados e propagados ao longo dos séculos, esvaziando outros valores que fazem parte da natureza como um todo. A postura antroposcópica, que alimenta o antropocentrismo, ignorando as complexas dinâmicas solidárias existentes na natureza, acabou esvaziando, materializando e mercantilizando uma série de outros valores existentes na Criação, tirando o caráter teleológico das múltiplas formas de vida no planeta onde habitamos.

A natureza enquanto Criação, passa a ser vista não como sujeito de valores, com direitos e deveres, mas como objeto manipulável, com o objetivo de atender as demandas e interesses do mercado econômico, alimentado pela falácia da ilimitabilidade dos recursos gerados ao longo da história geobiológica da vida.

Ignorando os limites e a capacidade de suporte da natureza, a ideologia desenvolvimentista se propagou por todos os recantos da casa comum planetária, gerando, por um lado, riquezas, melhorias e consumos, mas, por outro, alimentando ambições, destruições, extinções e injustiças sociais e ambientais. Acreditávamos que este ciclo fosse sustentável por décadas e séculos, sem nenhuma alteração nas dinâmicas interativas das teias e cadeias climáticas, biológicas e geológicas, onde o nosso senhorio superasse a nossa missão de guardiões deste grande patrimônio que, na perspectiva religiosa, o Criador colocou em nossas mãos para ser cuidado e administrado com responsabilidade.

Com esta postura de uma teimosia ambiciosa, ignorando outros valores e serviços socioambientais da natureza, e com uma enorme dificuldade de mudanças de paradigmas, que supõe conversão no modo de ser, agir e de se relacionar com toda a Criação, chegamos mais cedo aos impasses civilizatórios de uma crise socioambiental sem precedente. Mesmo que criemos mecanismos mais sustentáveis, acreditando poder reverter algumas posturas e hábitos, não conseguiremos frear as escalas macros das mudanças climáticas que estão em curso, com previsão de intensificar os processos danosos. Resta-nos apenas acreditar que as ações mitigatórias e os processos adaptativos, que estão ao alcance de nossas mãos, amenizem os impactos que se intensificam em diferentes regiões do planeta.

O agravamento da crise socioambiental está num ritmo mais acelerado do que uma possível mudança nos contravalores que estão enraizados na nossa cultura. Não é fácil humanamente reverter a visão da natureza como objeto, nem tampouco a concepção mercantil da natureza, sobretudo num contexto consumista que suga vorazmente os recursos da terra. A utopia de um planeta sem males, do sonho de uma justiça socioambiental e de desenvolvimento sustentável, parece cada vez mais distante.

Sem desanimar e entregar os pontos, somos alimentados por uma dimensão transcendente da existência, segundo a qual podemos apostar, sonhar e lutar para que outros valores socioambientais sejam vividos e vivenciados, mesmo diante do realismo de uma crise difícil de ser superada. A resiliência existente na natureza e no ser humano, não permite sucumbir diante dos desafios e dificuldades. Pensando nas gerações que nos sucederão é que alimentamos um otimismo em buscar saídas para os impasses civilizatórios.

É preciso superar o efeito midiático das questões socioambientais

Enquanto presenciamos no dia a dia da vida as desordens da doença silenciosa das mudanças climáticas, com temperaturas aumentando, biomas sendo destruídos, catástrofes localizadas e a inércia nas mudanças dos paradigmas econômicos, que lucram com o consumismo e a ênfase nos combustíveis fósseis, as Conferências do Clima continuam espalhando os seus efeitos midiáticos, com poucos avanços concretos.

Se tivemos ações significativas no Protocolo de Quioto (1997) e no Acordo de Paris (2015), não é o mesmo o que vem acontecendo nas demais COPs, onde os interesses particulares de alguns Estados nacionais e empresas continuam prevalecendo diante do patrimônio ecológico que é um bem comum do planeta e das sucessivas gerações da sociedade. Esta distorção ética é alimentada pelos efeitos midiáticos e marqueteiros que estão por trás das prolongadas e tendenciosas discussões que permeiam os dispendiosos encontros internacionais dos Chefes de Estado, delegações e países anfitriões.

Infelizmente, continua tendo primazia a lógica da racionalidade quantitativa, apoiada em valores econômicos e imediatos, que visa reparar as perdas e os danos das destruições dos nossos biomas e a implantação de novas matrizes energéticas, relegando para uma segunda instância a racionalidade qualitativa e axiológica, capaz de mudar hábitos e criar uma cultura verdadeiramente sustentável.

Lamentavelmente, o discurso em defesa dos combustíveis fósseis ainda continua ganhando uma proporção maior que a raiz principal do problema, que é a destruição dos biomas e ecossistemas e as sucessivas quebras de cadeias geobiológicas. Não podemos ignorar que o uso exagerado dos combustíveis fósseis tem uma parcela de culpa nas emissões de gases que provocam o aquecimento global, que junto com outros fatores contribuem para a destruição da natureza e, consequentemente, com as mudanças climáticas e os processos perversos de extinção de espécies no planeta que é a nossa casa comum.

Embora os acordos assinados tenham que contemplar os aspectos econômicos para ajudar a mitigar os impactos das mudanças climáticas, a sociedade gostaria também que estas COPs fossem mais proativas em medidas que visassem programas e projetos de restauração das alterações ambientais dos biomas, além de mecanismos que levassem em conta a mudança de hábitos ambientalmente incorretos e socialmente insustentáveis e injustos.

Seria de bom alvitre que os Chefes das Nações ouvissem mais os clamores que ecoam na sociedade sobre a eficácia prática destas midiáticas e economicamente dispendiosas reuniões internacionais. Corremos o risco de sermos surpreendidos por alterações climáticas irreversíveis, onde lamentaremos a omissão de medidas que deixaram de ser tomadas em tempo oportuno e que pensassem no bem comum da humanidade.

Na contramão da ética ambiental

Ficamos perplexos quando os fatos ocorridos nos últimos tempos nos mostraram que as posturas e as atitudes concretas de governos e gestores não correspondiam aos apelos éticos que vêm sendo dados, tanto por parte de estudiosos e pesquisadores em meio ambiente, como por lideranças da sociedade civil e religiosa. Temos a sensação de que por motivo de surdez, ignorância ou opção ideológica, os clamores e as evidências dos perigos que corremos em destruir a natureza, fragmentar os biomas, extinguir as espécies e quebrar as cadeias biológicas vitais soam como algo alarmista aos ouvidos daqueles que eticamente deveriam lutar para evitar problemas ambientais maiores para as gerações presentes e futuras.

No momento em que o mundo busca alternativas mais sustentáveis para enfrentar as mudanças climáticas e o desaparecimento de milhares de seres vivos que integram a nossa casa comum planetária, não podemos conviver com as contradições daqueles que abrem as porteiras para atender demandas mercantilistas e imediatistas, flexibilizando regras e leis que foram discutidas pela sociedade e aprovadas pelos poderes da República. Se essas posturas são inconcebíveis em qualquer parte do mundo, na realidade brasileira elas soam como uma aberração, pois somos detentores de uma rica megabiodiversidade, e nos orgulhamos em possuir a legislação ambiental mais avançada do planeta. A soberania que nos obriga a proteger os biomas e ecossistemas que fazem parte de nossos limites territoriais e geográficos não nos dá o direito de destruir um patrimônio biológico, evolutivo e teológico que é um bem comum de toda a humanidade.

Antes de sermos a nação ou a pátria com os recortes geopolíticos que hoje temos, não podemos esquecer que os processos geológicos, geográficos e biológicos que nos antecederam já aconteciam desde milhares de anos, tanto na formação de nossos biomas e ecossistemas, como nos processos de especiação e seleção dos inúmeros seres vivos, animais e vegetais, que integram a nossa rica biodiversidade.

No atual contexto mundial em que vivemos, o maior testemunho ético que um país pode dar é fechar as porteiras do desmatamento, da devastação, da flexibilização de regras, da corrupção pela biopirataria e do comércio ilegal de madeiras. Pela responsabilidade que temos com as mudanças climáticas, que afetam a todos nós que habitamos o planeta Terra, o diálogo com as ciências, a defesa sincera de grupos sociais comprometidos com o meio ambiente e a preservação das culturas dos povos tradicionais, que mantém uma relação mais proximal com a natureza, certamente são as opções mais sábias que deveríamos assumir.

Infelizmente, os sucessivos governos não têm colocado o meio ambiente do nosso país como uma prioridade fundamental, e as questões socioambientais vêm sendo tratadas como periféricas, mesmo com os acordos assinados e as pressões internacionais que envolvem a nossa grande nação. Não podemos mais conviver com este efeito elástico, onde ora é esticado com os avanços, ora se encolhe com os retrocessos. Andar na contramão do mundo, e dos princípios que regem a ética ambiental, é voltar as costas para os grandes problemas que no futuro nos abaterão de maneira mais contundente. Deixar de ouvir os apelos proféticos das lideranças que vêm se pronunciando em defesa dos valores socioambientais é, no mínimo, uma insensibilidade pouco inteligente. Não ter um olhar teológico sobre o patrimônio que o Criador colocou em nossas mãos para ser administrado com sabedoria e responsabilidade é uma atitude imoral e pecaminosa, sobretudo quando sabemos que a destruição que provocamos na obra criada tem uma repercussão negativa na vida do planeta e de todos os seres viventes.

Se desejamos dar o nosso testemunho de sustentabilidade e preservação da natureza, é necessário que tenhamos gestores à altura dos cargos que ocupam, ou, pelo menos, uma sensibilidade maior com a grande crise ambiental global que atravessamos, exigindo de nós posturas mais inteligentes e solidárias com os problemas que afetam a todos. Não é possível mais ignorar a interdependência dos fenômenos da natureza, sobretudo sabendo que as mudanças climáticas têm uma relevância ambiental, social, política e ética.

As grandes religiões da humanidade vêm nos alertando que a nossa casa comum planetária não pode mais ser vista como um conjunto de recursos a serem explorados, mas, ao contrário, um jardim sagrado que devemos amar, cuidar e respeitar, através de comportamentos e posturas sustentáveis.

Desta forma, não podemos mais caminhar na contramão da história, repetindo a cada ano atitudes e práticas irresponsáveis com o patrimônio ecológico de nosso país e de toda a humanidade. Uma mudança de mentalidade se faz urgente e necessária, antes que aconteçam problemas maiores na nossa casa comum planetária, onde provavelmente só nos restará lamentar pelos erros de nossas omissões e opções erradas.

Mundos paralelos e ameaçados

Na riqueza biológica do planeta Terra, muitos seres vivos constituem mundos paralelos com seus hábitos, costumes, estruturas, comportamentos e maneira distintas de viver e se organizar, interagindo com outros mundos diferentes e formando inúmeras cadeias de trocas e dependências. Quando falamos em biodiversidade, entendemos que estes mundos paralelos que estão ao nosso redor, sejam eles vegetais ou animais, mantêm suas particularidades, afinidades e processos evolutivos ou coevolutivos muito anteriores ao mundo dos humanos. São mundos paralelos que enfrentaram as diversas intempéries das mudanças serenas e violentas que fizeram parte da história nas eras geológicas de nosso planeta. Muitos destes mundos sofreram abalos na qualidade e quantidade de suas espécies, levando algumas à extinção, outras à reconfiguração dos processos de especiação, e outras à manutenção genética de suas linhagens por mecanismos adaptativos e coevolutivos. São mundos paralelos que, embora pressionados e ameaçados, conservaram um alto grau de resiliência existencial, mesmo com a teimosia de outros seres considerados biologicamente mais evoluídos.

Nos impressiona quando voltamos os nossos olhos para o mundo paralelo dos invertebrados, que constituem mais de 90% de todas as espécies animais, sendo que somente os insetos abrangem mais de 80% dos animais conhecidos. Alguns entomólogos chegam a afirmar que este número engloba cerca de 6 milhões de espécies, revelando a grandeza desse mundo paralelo. No entanto, devido às alterações que nós humanos temos sistematicamente provocado em nossos biomas e ecossistemas, associado atualmente com as mudanças climáticas, o mundo dos insetos vem sofrendo abalos, inclusive com a extinção de várias espécies. As estatísticas são difíceis de calcular, pois além da ampla escala de grandeza deste *filo*, existe carência de estudos e dados científicos exatos.

A União Internacional para a Conservação da Natureza (IUCN) estima que nos últimos 50 anos houve um declínio nas populações de invertebrados, aumentando o percentual de extinção de insetos no mundo, sobretudo os grupos numerosos como os dos besouros, borboletas, entre outros. Fatores como perda de *habitat*, poluição, pesticidas, patógenos e mudanças climáticas, são as principais causas do declínio e extinção. Muitas vezes desconhecemos a importância que estes insetos têm no equilíbrio da cadeia alimentar, na alimentação de outros animais e, sobretudo, na polinização das plantas, tanto daquelas que estão em nossos biomas, como centenas de outras que cultivamos na alimentação, na produção de grãos, na fruticultura e na industrialização de produtos. É por isso que academias científicas, institutos de pesquisas e universidades vêm nos alertando sobre o perigo que corremos com o declínio e a extinção desses polinizadores e fontes de alimento, que mantêm o equilíbrio nas cadeias biológicas e alimentares. Não damos conta que o declínio dos polinizadores pode aumentar as dificuldades tanto na dieta alimentar e nutricional para a população humana global, como nos riscos econômicos para as *commodities* do agronegócio dos grandes países produtores. Se voltarmos os nossos olhos para o mundo das abelhas, que são importantes polinizadores, ficamos assustados com os dados que revelam uma alta taxa de declínio de espécies de abelhas, algumas nativas que correm o perigo de extinção, mesmo com os dados científicos insuficientes.

Sem nenhum alarmismo catastrófico ou falsas profecias, é preciso que fiquemos em alerta com aquilo que está acontecendo neste mundo paralelo e silencioso ao nosso redor, que mesmo resiliente e numeroso pode desencadear em processos irreversíveis no frágil equilíbrio de nosso planeta. Temos inteligência, ciência, tecnologia e outros valores que podem nos ajudar a buscar saídas para estes impasses criados pelas nossas imensuráveis ambições de sermos donos e proprietários da natureza, esquecendo a nossa nobre missão de guardiões da Criação. No mundo dos insetos, onde o número de espécies e indivíduos é tão grande que não conseguimos calcular, os desequilíbrios podem acarretar consequências danosas para várias regiões do planeta. Mesmo prescindindo da criatividade cinematográfica da revolta e invasão do mundo dos insetos, é preciso estarmos de antenas ligadas com aquilo que vem ocorrendo em um mundo a que não temos muito acesso, mas de cujo papel para o equilíbrio de nossa casa comum somos conscientes.

Antropoceno ou outras alternativas?

Por meio das ciências, acolhemos os conceitos paleontológicos das eras geológicas antigas (paleozoica), medianas (mesozoica) e mais recentes (cenozoica e holoceno). Nos últimos anos, inspirado na proposta de Paul Crutzen, Prêmio Nobel de Química (1995), popularizou-se um conceito de uma nova era chamada de antropoceno, onde o ser humano passa a ser o centro da história, modificando o planeta Terra pelas múltiplas intervenções e criações, sejam para o progresso da sociedade, como para destruir e alterar as cadeias geobiológicas existentes na natureza. Se, por um lado, este conceito enaltece a centralidade do ser humano e seu poderio sobre toda a Criação, por outro, não deixa de criar uma espécie de antropolatria, cuja visão antroposcópica esconde os limites humanos, distancia a sua condição relacional com todos os seres vivos e desloca a centralidade de Deus na história humana.

A experiência histórica reconhece a importância do ser humano, que por meio de sua inteligência reflexiva atua nos processos transformadores e inovadores ao longo dos séculos, associado à consciência de nossa vulnerabilidade em administrar e construir alianças com a natureza. As mudanças climáticas são exemplos concretos desta má e incompetente administração do ser humano com a casa comum planetária, bem universal de todos os seres viventes. Na perspectiva teológica, a criação como um todo é um patrimônio que o Criador colocou em nossas mãos não para dominar e destruir, mas para ser cuidado e administrado com sabedoria e amor, atribuindo-nos a missão de guardiões da Criação. Certamente, não é isto que estamos percebendo historicamente, colocando em questão se somos mesmo capazes de zelar por algo que evoluiu e se multiplicou bem antes de nossa recente presença na história geológica do planeta. Diante dos impasses socioambientais que estamos vivendo, criados por nós mesmos, perguntemo-nos: somos merecedores do nome de uma era geológica? Cremos que podemos sonhar com outros nomes, que nos coloque humanamente em uma postura menos ensimesmada, onde a pluralidade de nossa liberdade tenha primazia diante a singularidade que gera individualismo e perda da visão sistêmica.

Vivemos em uma nova era, marcada de maneira irreversível pelas mudanças climáticas, onde a única alternativa consiste na mitigação e adaptação. Chamar de era do antropoceno, quando sabemos que somos responsáveis tanto pela crise ambiental e social em que vivemos, como por uma sexta era de extinção, parece um conceito não muito adaptado ao contexto atual. Diante do fato, algumas alternativas são propostas.

A primeira é chamarmos era *prosarmogiana* ou *meiosiana*, pois ambas as palavras se originam do grego e significam adaptação e mitigação. O nome parece mais coerente com os desafios que teremos pela frente no enfrentamento das mudanças climáticas.

A segunda alternativa, no sentido mais enfático, seria chamar era *orioceno*, originada da palavra grega *όrio*, que significa limite, pois isto corresponde melhor à realidade planetária que vivemos. Limite da capacidade de suporte das pegadas humanas, limite no esgotamento dos recursos da terra, limite expresso na escassez dos recursos hídricos, limite na incapacidade de descarbonizar o planeta, limite de sobrevivência de muitas espécies de seres vivos, limite no manejo de nossos solos, limite na dificuldade em manter a média razoável da temperatura global, limite em estabelecermos padrões sustentáveis, limite no aumento da visão fragmentada de mundo, limite do consumo excessivo, limite na dificuldade de resgatarmos uma concepção mais sistêmica da casa comum, entre tantos outros limites.

Uma terceira alternativa, para os que sonham e desejam viver uma dimensão mais universal e incondicional do amor, é chamar a era de *agapoceno*, esta maneira grega de expressar um tipo de amor que se distingue do amor *eros* e *filial*. Esta forma de vivermos este amor *agapós* expressa o desejo mais profundo do ser humano de viver uma dimensão mais universal do amor incondicional, capaz de nos levar há sermos mais solidários com os seres humanos e não humanos. É uma forma de amor que nos capacita a doar e nos entregarmos por tudo aquilo que é um bem comum de toda a humanidade, construindo alianças com as diferenças, quebrando barreiras de separação e destruição, promovendo a paz universal, reeducando os nossos gestos e ações insustentáveis e protegendo as vidas vulneráveis e ameaçadas, tanto na sociedade como na natureza. Tudo isso só será possível se formos capazes de exercitar outra forma de ver e amar o mundo que está ao nosso redor. Só com o amor de amizade e filiação (*filós*) não conseguiremos, pois, afirmar que somos parte da natureza, tendo com ela uma relação de filiação e amizade, não é o suficiente para reverter os processos perversos de destruição da casa comum planetária.

Para os que preferem chamar de era do *agapoceno*, a inspiração se fundamenta na possibilidade de despertar no ser humano não só o cuidado com toda a beleza e singularidade da Criação, que geme e sofre pelas perdas, mas também a vivência de um amor criativo e inovador que busque alternativas sustentáveis para enfrentar as amargas travessias que teremos que enfrentar com os efeitos danosos das mudanças climáticas nas próximas décadas. Quem sabe a vivência desse tipo de amor permita que busquemos soluções inteligentes e desinteressadas para preservar os nossos biomas e ecossistemas, reconhecendo o grande serviço ambiental que eles prestam para o equilíbrio do planeta vivo. Este é o amor que evita o domínio e a apropriação dos recursos da natureza para satisfazer a nossa sede insaciável de sermos donos e proprietários de algo que não criamos e nem participamos no processo evolutivo das diferentes formas de vida que nos precederam. Este é o amor que deveria mover os nossos acordos e tratados em defesa da natureza, permitindo afastar o formalismo que não resulta em práticas sustentáveis. É o amor que permite criar uma verdadeira cultura ambiental, apoiada em hábitos e costumes mais equilibrados, coerentes com o potencial existente na natureza. Este é o amor que começa com a sensibilidade concreta que devemos ter com as plantas e os animais que estão ao nosso redor, reproduzindo nestes pequenos gestos a grandeza existente em nós e em todos os seres viventes. A centralidade nesta dimensão universal do amor ajudaria a humanidade a resgatar aquilo que ela tem de mais nobre e elevado, construindo novas alianças com todos os seres viventes, e ajudando a salvar a casa comum onde habitamos, sobretudo das sérias ameaças que afetam o planeta como um todo.

Ao optarmos por chamar de era *prosarmogiana*, *meiosiana*, *orioceno* ou *agapoceno*, o mais importante é que tenhamos consciência da nossa missão de guardianidade de toda a natureza criada e evoluída, colocada em nossas mãos para ser preservada, cuidada e universalmente amada.

Natureza ferida: uma abordagem ética e espiritual

Neste mundo social e ambientalmente fragmentado em que vivemos, somos convidados a voltar os nossos olhares para a dimensão ética e espiritual, a qual nos ajudaria a compreender aonde estamos ultrapassando os limites. A inversão de valores socioambientais está presente na postura que humanamente adotamos, gerando, como consequência, muitas feridas que hoje são conhecidas em nossa casa comum planetária. A natureza, a Criação, embora concebida como um processo evolutivo pelas ciências, é, teologicamente, considerada um dom do Criador, colocada sob a responsabilidade do ser humano para ser amada, preservada e administrada responsavelmente para servir ao bem comum.

A primeira inversão de valores consiste em converter a Criação em um bem material a ser explorado e comercializado sem limites, tendo como prerrogativa o uso ilimitado da dimensão singular de nossa liberdade, esquecendo a dimensão da pluralidade, onde nos relacionamos com o transcendente, com as pessoas em sociedade e com a natureza da qual somos parte integrante. A segunda inversão consiste no esvaziamento da relação do ser humano com a natureza, banindo, pelo excesso de racionalidade, a dimensão de comunhão existente entre todos os seres viventes, rompendo teologicamente uma aliança estabelecida entre o Criador e todos os seres vivos que habitam a casa comum planetária. A terceira inversão é ignorar que hoje vivemos um mundo social e ambientalmente ferido, tanto pelas nossas opções erradas, como pela falta de estabelecimento de limites na nossa relação com a natureza criada e evoluída. A quarta inversão ética de valores é a perda da sublime vocação humana de guardião da Criação, para se tornar um explorador e destruidor, portanto, deixando de colaborar com o Criador no aperfeiçoamento de tudo o que existe de belo e nobre em todas as criaturas.

Os sinais de uma natureza ferida, que geme e sofre pelas perdas e fragmentações, podem ser percebidos nas injustiças sociais e ambientais, nas extinções de espécies, nas consequências das mudanças climáticas, na cultura do descarte e de morte, na visão consumista e utilitarista e na pretensiosa ambição, apoiada na premissa de que podemos dominar e dar sentido para todas as coisas existentes. Temos a responsabilidade não só de ouvir os gemidos dos humanos e dos não humanos que sofrem as dores das feridas, mas cabe a nós lembrar também daqueles que não podem mais gemer, pois já não existem mais no ciclo da vida, uma vez que, pela vulnerabilidade existencial, foram extintos do único planeta capaz de vida no nosso sistema solar. O paradoxo é que apesar de termos consciência dessas feridas, reconhecemos que podemos e devemos buscar alternativas e soluções para frear esta ilusória ilimitabilidade na relação com a natureza, reconhecendo nela grandeza, beleza, fonte de aprendizado, esperança de ser libertada da escravidão e seus inúmeros meios de sobrevivência planetária.

O sangramento dessas feridas, que aparecem muitas vezes nas catástrofes ambientais, não deixa de ser um sinal de alerta para que possamos refazer eticamente o nosso modo de ser e agir, para voltarmos a nos reencantar espiritualmente com o mundo ao nosso redor, resgatando a nossa missão de guardianidade e de respeitadores das múltiplas diferenças existentes na cultura humana e no mundo da natureza.

Pode o ser humano aprender com a natureza?

Um tema tão antigo na história universal volta a ser colocado hoje, dado o distanciamento das pessoas na relação com a natureza. Mesmo com os seus biomas e ecossistemas fragmentados e alterados, ainda é possível pensar que o planeta Terra, constituído por milhares de seres vivos, pode ser fonte de inspiração e aprendizagem para o ser humano. Eis a questão que atualmente levantam alguns naturalistas, estudiosos e pesquisadores em ética socioambiental. Autores mais recentes como Gomez-Heras[1]; Bilbeny[2], e

---

1. Gomez-Heras, J. M. G., *Ética del medio ambiente*, Madrid, Tecnos, 1997.
2. Bilbeny, N., *Ecoética: Ética del medio ambiente*, Espanha, Aresta, 2010.

Siqueira[3], entre outros, defendem a tese de que a natureza, pela sua riqueza evolutiva e comportamental, dotada de relações amorosas complexas e pluriversas, ainda conserva um potencial extraordinário de inspiração e aprendizado. Se, por um lado, o ser humano é o principal responsável pelas rupturas e quebras sucessivas nas relações autoecológicas e interecológicas, por outro, a natureza continua sendo uma fonte permanente de admiração, apreço e preocupação para as pessoas que sabem admirar sua riqueza e os detalhes do meio ambiente ao seu redor. Estudos etológicos continuam revelando que o comportamento dos animais e plantas exercem um fascínio entre as pessoas sensivelmente capazes de ter um olhar de profundidade sobre a natureza, seja através das ciências e espiritualidades, ou mesmo pelo apreço existencial à beleza da Criação. A destruição progressiva de nossos biomas e ecossistemas, o crescente aumento das extinções

---

3. SIQUEIRA, J. C. de, *Um olhar sobre a natureza*, São Paulo, Loyola, 1991;
Id., *Ética socioambiental*, Rio de Janeiro, PUC-Rio, 2009;
Id., *Parábolas fitoantrópicas: Falar das plantas com uma linguagem humana*, Rio de Janeiro, PUC-Rio, 2014.

da fauna e da flora, a visão utilitarista e mercadológica da biodiversidade e as contradições entre o ideal legal da preservação e as práticas concretas contraditórias não conseguem destruir este legado ético-educativo que a natureza conserva ao longo da história geobiológica da vida no planeta Terra.

Esta temática continua a ser cultivada mesmo diante dos paradoxos do mundo contemporâneo, pois se de um lado cresce a consciência ambiental na sociedade, por outro, retrocessos de algumas políticas públicas neutralizam ou dificultam a possibilidade de o ser humano construir uma aliança mais proximal com o mundo do qual faz parte e depende para a sua sobrevivência.

O fascínio pela racionalidade técnica, o individualismo ensimesmado, o antropocentrismo desconectado com a natureza circundante e a vida urbana distante das representações de nossos ecossistemas naturais constituem hoje uma barreira na construção de uma relação mais sensível e afetiva com o mundo não humano que está ao nosso redor. Se no passado a natureza ocupava um lugar mais proximal nas relações humanas, este espaço foi substituído pela tecnologia, que passou a ser uma mediação imprescindível nas relações sociais e interculturais. Mesmo que a cultura digital nos ofereça mecanismos de conhecimento do mundo da natureza através das diversas mídias, ela não substitui uma relação mais proximal, presencial e afetiva com a natureza. Como mediação, ela continua ainda a ser um instrumental técnico que sensibiliza, mas não constrói eticamente um conjunto de valores que são incorporados em nossas vidas através de um processo educativo adquirido a partir do ver e do sentir. Se perdemos esta sensibilidade que vem pelos nossos sentidos, o olhar sobre a natureza continuará mergulhado na superficialidade de nossa relação com a alteridade não humana. Para que a natureza possa continuar sendo uma fonte de aprendizado para o ser humano, questionando comportamentos e atitudes contraditórias e ajudando-nos no processo de humanização interrelacional, é necessário que o olhar de profundidade e proximidade seja resgatado. Para tanto é imprescindível a valorização da pluralidade da liberdade humana, onde um dos pilares é a relação com a Criação, a natureza dotada de valores intrínsecos, construídos evolutivamente antes da presença do ser humano no planeta Terra. A anterioridade desses valores não são obra de mãos humanas, mas fruto de um processo evolutivo de milhares de anos. Na perspectiva teológica, tais valores foram incorporados pelo Criador, quando engravidou a obra criacional com doses de um amor que transcende a horizontalidade da existência de todos os seres vivos.

A crença na utopia continua alimentando os sonhos daqueles que, ao fazerem a experiência da proximidade educativa com a natureza, ainda acreditam que ela jamais deixará de ser fonte de inspiração e paradigma de construção de uma relação mais sistêmica do ser humano com o mundo circundante. Se, por vez, esta relação amorosa e afetiva nos aproxima e nos ajuda a conviver com as diferenças, por outro, ela contribui no processo de humanização, substancializando as pessoas através de uma escala de valores que descentraliza o ser humano de um ensimesmamento existencial que não realiza, nem consegue dar respostas às perguntas mais profundas da existência.

Em uma Criação ou natureza, as feridas abertas pelas rupturas e fragmentações de um ambiente que não é mais inteiro, mas simplesmente meio ou metade, ainda nos possibilitam acreditar que a busca de uma visão mais sistêmica do mundo só pode ser construída se resgatarmos uma relação mais afetiva e amorosa, tanto com os seres humanos, quanto com os seres não humanos. Temos muito a aprender com o desconhecido mundo da natureza que está ao nosso redor, de forma que as escalas de valores nele existentes enriqueçam o nosso modo de ser e agir. Acreditamos que a natureza tem muito a nos ensinar. Aproveitemos enquanto ainda é tempo, pois as mudanças globais e climáticas podem dificultar ainda mais o nosso contato relacional com a natureza, diminuindo as nossas esperanças e utopias. Dentro de uma visão sistêmica, uma reeducação se faz necessária, sobretudo em um mundo em que aumenta a cada dia os processos de extinção de muitos seres vivos que integram a cadeia da vida. Na grande arca da vida, onde estamos sempre unidos com as diferentes manifestações da natureza, podemos aprender muito com aqueles que vivem e se expressam, de maneira distinta, a beleza da obra que o Criador colocou em nossas mãos para ser administrada com sabedoria e responsabilidade.

Por que falar hoje em Direito da Criação?

Diante da redução progressiva de nossos biomas e ecossistemas, que tem como consequência a crescente extinção de espécies vegetais e animais; diante de uma cultura antropocêntrica e egoísta, que, por um lado, suga de maneira voraz os recursos da terra, e, por outro, levanta a bandeira da preservação do meio ambiente, só nos resta buscar os princípios éticos que possam fundamentar e defender o direito da Criação. Para os que não creem, a Criação é fruto de uma feliz e generosa evolução que permitiu lançar as bases para que o ser humano pudesse sobreviver em uma relação conflitiva e harmoniosa. Já para os que têm fé, a Criação é obra de Deus Criador, que ao encher de amor todas as criaturas, colocou nas mãos do ser humano a responsabilidade de cuidar e administrar todos os seres existentes sobre a Terra, não como donos e proprietários, mas como guardiões.

Infelizmente, esta missão de guardianidade não vem sendo respeitada e vivenciada por conta de nossa incapacidade de manter uma relação mais proximal e amorosa com a diversidade existente na natureza. Reivindicamos muito os Direitos Humanos, esquecendo-nos do direito que todos os seres vivos têm de sobreviver, manifestar e revelar o que cada espécie tem de singularidade, detalhe e beleza. Causa-nos espanto saber, pelas ciências, que muitos seres vivos que fazem parte da Criação já deixaram de existir ou estão em processo de extinção, em um total desrespeito à vida e aos milhares de anos pregressos dos processos de evolução biológica. Causa-nos indignação essa postura fortemente antropocêntrica que vê a natureza ou a Criação como objeto de exploração para satisfazer as nossas insaciáveis necessidades, desprovidas de Direitos Fundamentais, sobretudo quando sabemos que estes seres vivos nos prestam inúmeros serviços de equilíbrio planetário. Causa-nos estranhamento as posturas políticas que, ao defender os direitos das pessoas, desrespeitam os direitos da Criação, permitindo reduzir as áreas de reservas naturais, flexibilizando as licenças ambientais que controlam o monitoramento dos ecossistemas e, vergonhosamente, retrocedendo nas conquistas do direito e da legislação ambiental. Causa-nos revolta perceber que nas sucessivas mudanças políticas, as questões ambientais não têm ocupado um lugar de relevância, sobretudo em um Brasil que, além de se orgulhar de sua megabiodiversidade, é também um país signatário de vários acordos e tratados internacionais sobre o meio ambiente.

Para os pessimistas, resta apostar que um dia pagaremos caro por esta irresponsabilidade de não sabermos administrar aquilo que foi colocado em nossas mãos, ou então trazer à memória o lamento de Deus, que, ao ver tanta maldade na terra, e toda atitude perversa existente, arrependeu-se de ter criado o ser humano, conforme o relato de Gênesis 6,5-6.

Já para os otimistas, cabe-nos apostar em várias premissas. A primeira é que teremos que continuar lutando, defendendo e afirmando o Direito da Criação, mesmo diante das contradições da história social e ambiental. A segunda consiste em apostar e acreditar que o progresso das ciências nos oferece hoje subsídios para reverter o contraditório na relação do ser humano com a natureza. A terceira se resume em unir o potencial das ciências e a consciência ambiental existente na sociedade, opondo-nos aos modelos políticos, que além de carentes de uma visão mais sistêmica das questões socioambientais, padecem de um equilíbrio de racionalidade.

O caminho está posto, mas cabe a nós discernir qual a melhor opção a ser seguida, antes que paguemos um preço alto pelas nossas omissões diante de um problema relacionado com o bem comum.

Somos capazes de proteger a natureza?

Nas últimas décadas, em razão do progresso das ciências e das tecnologias, o ser humano tem buscado mecanismos para demonstrar a sua capacidade de proteger a natureza da qual faz parte e depende para sobreviver. É verdade que em pequena escala, vários esforços científicos, sobretudo com os avanços das ciências, estão ajudando na preservação da biodiversidade, dos recursos hídricos, do equilíbrio climático e de outros recursos naturais. As conquistas das legislações ambientais têm sido também importantes para estabelecer os limites legais da exploração da natureza, principalmente nos países detentores das grandes riquezas da biodiversidade. Mais recentemente, os processos de educação ambiental, formal e informal, têm ajudado na conscientização da sociedade, possibilitando uma maior sensibilidade e um contato mais proximal com o mundo da natureza, voltado tanto para uma preocupação de mudanças de hábitos e costumes, como no sentido de deixar um legado ético para as futuras gerações.

Nas escalas locais e regionais, não podemos negar que tem havido mudanças éticas na relação do ser humano com a natureza, sobretudo entre as gerações mais jovens, pois elas nasceram em um contexto mundial que experimenta os problemas de devastações, alterações das cadeias biológicas, extinções, mudanças climáticas e a diminuição da capacidade resiliente da natureza em absorver aquilo que a sociedade consumista despeja nos mares, rios e ecossistemas.

No entanto, se olharmos para um passado bastante remoto, desde o surgimento, evolução e ocupação dos espaços naturais pelo ser humano na face da Terra, percebemos que a sua relação com a natureza foi mais utilitarista e dominadora do que conservacionista ou preservacionista. É verdade que os mitos dos povos tradicionais das florestas foram criados para colocar limites nas insaciáveis ambições exploratórias do ser humano, evitando esgotar os recursos naturais que garantem a sobrevivência das pessoas. Porém, estas posturas eticamente corretas não foram incorporadas nem imitadas pela civilização que cresceu e se expandiu nas cidades e grandes centros urbanos. Estas posturas dos povos originários e tradicionais ficaram apenas como uma utopia impossível de ser vivida em modelos consumistas de produção de bens, quase sempre muito acima das necessidades reais do ser humano. Grupos e sociedades alternativas que surgiram nas últimas décadas, embora com premissas fundamentadas em uma nova relação com a natureza, não conseguiram se impor de maneira significativa, sendo incapazes de reverter as posturas contraditórias e suicidas de uma cultura plasmada por valores exploratórios e mercantilistas. As religiões, mesmo com suas tradições éticas e morais inspiradas em teologias da Criação, nas quais a presença divina que cria e se faz presente amorosamente em todos os seres viventes, estabelecendo alianças entre Criador e criaturas, também não têm conseguido reverter alguns valores que estão culturalmente impregnados na vida moderna e citadina.

Mais recentemente, o diálogo inter-religioso e os documentos criativos e ousados, como a *Laudato si'* do Papa Francisco (2015), vêm reconhecendo que é preciso mudar posturas e hábitos na relação com a natureza, pois a humanidade já experimenta as consequências dos processos devastadores e danosos para todo o planeta. Os avanços e recuos dos acordos políticos e das posturas ambientalmente contraditórias não têm contribuído para a consolidação de uma ética ambientalmente sustentável, sobretudo em relação aos grandes problemas que afetam toda a sociedade mundial.

Alguns pensadores, filósofos, estudiosos e intelectuais, que nos últimos tempos vêm se debruçando sobre esta temática, ora se mostram otimistas, ora pessimistas com a capacidade de o ser humano mudar hábitos e costumes na linha de uma relação mais sustentável com a natureza. Muitos creem que somente quebrando o excessivo antropocentrismo, ou visão antropolátrica, é que o ser humano poderá manter uma relação mais cuidadosa e solidária com a natureza. Outros acreditam que somente experimentando as consequências das rupturas e das reações catastróficas na natureza é que o ser humano mudará as suas posturas e hábitos contraditórios com a dinâmica geobiológica do planeta. Finalmente temos outros, como o filósofo alemão Peter Sloterdijk, que afirma que os seres humanos não estão preparados para proteger a natureza em nenhum sentido, fundamentando sua tese no fato de que a nossa história como espécie sempre foi voltada para a nossa proteção contra os poderes da natureza. Ele não deixa de ter razão, sobretudo quando o problema é colocado em grande escala planetária, onde nos sentimos impotentes para dar respostas imediatas ou mudar padrões globalizados. A experiência da impotência de resolver ou solucionar os problemas que nos atingem faz com que os seres humanos se voltem para a preservação de sua espécie, colocando as demais em segundo plano.

A recente pandemia da Covid-19 que vivemos é um bom exemplo, pois, ao afetar os seres humanos em escala temporal de curto prazo, o instinto de sobrevivência levou a três reações: o medo, o recolhimento e o desejo de encontrar uma solução imediata para vencer o inimigo patológico que afetou a nossa espécie. Ao contrário, quando se trata de problemas que se manifestam em escala de médio e longo prazo, afetando os seres humanos e não humanos, como as mudanças climáticas, não conseguimos avançar com a velocidade necessária. A impressão que se tem é a de que o problema é maior do que a nossa capacidade de resolvê-lo, não criando em nós medos, temores e desejo de solucioná-lo. Se os efeitos das mudanças climáticas fossem sentidos globalmente, com consequências imediatas para todas as sociedades, talvez a nossa reação fosse diferente. Mas, na realidade, não é o que acontece, pois tais efeitos são experimentados em escalas e velocidades distintas. Daí a dificuldade da sociedade em tomar consciência, acreditar e mudar posturas, pois além da velocidade menor em relação à contaminação patógena, as mudanças climáticas afetam não só os seres humanos, mas a natureza como um todo.

Como ainda não temos globalmente uma visão sistêmica entre o antropológico, o teológico e o ecológico, a percepção do problema não é sentida e vivenciada existencialmente, embora teoricamente seja tematizada. Infelizmente, as mudanças climáticas estão apoiadas em visões fragmentadas, onde o ser humano, mesmo com seus limites, mantém uma relação de proteção muito antroposcópica. Enquanto estivermos apoiados nessas premissas dominadoras, utilitaristas e mercantilistas da natureza, não poderemos manter uma verdadeira proteção de nossos recursos hídricos, da biodiversidade, dos ecossistemas, e de outros valores e recursos naturais anteriores à presença do ser humano sobre o planeta. As destruições e reduções de áreas geográficas de nossos biomas e ecossistemas planetários, infelizmente, continuarão intensificando as mudanças do clima, ampliando as quebras de cadeias biológicas vitais e aumentando a extinção de espécies. Os alertas das ciências vêm sendo dados nas pesquisas e nas divulgações dos resultados científicos, mas as posturas na política e na sociedade ainda se encontram muito aquém, até o dia em que a comunidade mundial venha a sentir concretamente os efeitos das feridas que provocamos na história do único planeta habitável desse sistema solar.

Será que as lições das diversas pandemias que tivemos ao longo da história da humanidade poderão nos ajudar a tomar consciência de um problema maior, que implica não só a nossa espécie, mas que envolve todos os demais seres viventes, provando que somos capazes de cuidar e proteger a natureza da qual somos parte integrante?

Natureza: um divertimento que preenche o vazio

Sábios pensadores, filósofos e matemáticos têm nos ensinado que o divertimento é um mecanismo que o ser humano encontrou para esconder a sua finitude e miséria, evitando o confronto com sua essência divina. Ao se divertir no lazer, no trabalho, no estudo ou no meio tecnológico, a pessoa humana deixa de pensar e refletir sobre a sua realidade mais profunda de transcendência e de imagem e semelhança do Deus Criador. O divertimento, apoiado nos valores da finitude e provisoriedade, proporciona uma sensação de prazer a curto prazo, porém não atende os anseios mais profundos de nossa existência, obrigando-nos a repetir estas ações passageiras para evitar o tédio, a angústia e a frustação. Depois de trezentos anos, o pensamento de Pascal continua nos inquietando, pois hoje continuamos a nos apoiar nas mediações transitórias que divertem e distraem, ainda que não realizem ninguém em profundidade. O advento das novas tecnologias tem sido o divertimento moderno que nos ajuda a conectar, comunicar e facilitar os nossos acessos e perguntas, mas, no entanto, continua não atendendo os nossos anseios mais profundos. A escravidão da telinha do celular, que tanto nos diverte e fascina, não consegue realizar o ser humano em profundidade e impede que as pessoas conheçam melhor a si mesmas e mantenham uma relação mais profunda com Deus, as pessoas ao redor e a natureza que nos circunda.

Hoje, vivemos um paradoxo existencial mais sério do que na época de Pascal, pois ampliaram-se as mediações de divertimentos e aumentaram os vazios e as crises existenciais entre os seres humanos. Se, por um lado, as pessoas ganharam um leque mais amplo para se divertirem e camuflarem os problemas da finitude e do confronto consigo mesmas, por outro, cresceram os vazios e as inquietudes que geram tristeza, depressão e falta de sentido maior pela vida. A fragilidade psicológica das novas gerações, que vivem permanentemente conectadas nas redes de comunicação, é algo notório nas famílias, escolas e universidades, revelando mais uma vez que o divertimento apoiado nas mediações passageiras e finitas não é capaz de atender os anseios de infinitude e transcendência que fazem parte da essência mais profunda do ser humano.

No entanto, existe hoje algo favorável que pode divertir e ao mesmo tempo atender a uma interpelação mais profunda das pessoas, a saber, as suas relações com Deus, com a natureza e com todos os seres vivos que habitam a casa comum.

Como nos últimos anos tem aumentado a sensibilidade da humanidade para com as questões ecológicas, mesmo com as contradições associadas à destruição da natureza, cresce também o desejo de o ser humano se relacionar com a Criação, pois nela tomamos consciência não só de que fazemos parte dos processos evolutivos da história geológica da vida, como também nos propiciam um divertimento que fascina e nos abre para as questões mais profundas da beleza amorosa que se manifesta na singularidade e detalhes da diversidade da vida no planeta que habitamos. É um divertimento portador de valores, que nos ensinam, corrigem a nossa ignorância, diminuem a arrogância e prepotência de um antropocentrismo ensimesmado, reportando-nos à escala de valores transcendentes, que preenchem os vazios existenciais e nos possibilitam viver uma relação mais amorosa, solidária e compartilhada entre os humanos e não humanos. Ao nos relacionarmos com o livro da natureza, somos motivados a conhecer o livro do Criador, no qual o sentido maior da existência nos ajuda a discernir a permanente dialética entre finitude e infinitude.

Oxalá este novo divertimento de contato maior com a natureza e a consciência dos limites planetários que estamos experimentando possam nos ajudar a compreender melhor as nossas inquietações e respostas às questões relacionadas com a verdade de nosso ser, nosso destino comum e para onde a nossa vocação transcendente está nos conduzindo.

Repensar paradigmas biológicos diante das mudanças climáticas

O mundo acadêmico é movido por estudos e pesquisas que geram novos paradigmas, permitindo criar novos conceitos, criticar concepções e inovar com os resultados de novas descobertas. Durante décadas muitas coisas foram surgindo, permitindo consolidar convicções, manter algumas linhas de investigação e acolher criticamente novas demandas da ciência e da sociedade.

Em 50 anos de ensino e pesquisa na área biológica, tivemos que lidar com as constantes mudanças de conteúdos, enfoques e métodos, alguns bastante distintos daqueles que fomos formados no início de nossa trajetória científica. Na taxonomia vegetal tivemos que nos adaptar, partindo dos tradicionais enfoques puramente morfológicos das plantas para os novos métodos filogenéticos de classificação, sobretudo com os avanços dos estudos moleculares. Os chamados APG (*Angiosperm Phylogeny Group*) tem levado a muitas modificações de famílias e gêneros de plantas, provocando uma revolução nas antigas posturas de grupos taxonômicos. Com os avanços das ciências, fomos levados a mudar nossas metodologias de ensino e de pesquisa, acolhendo as novidades e reestruturando os nossos conceitos.

O agravamento das mudanças climáticas tem mexido muito com alguns conceitos e convicções de certas áreas das ciências, obrigando-nos a rever posturas que até então eram usualmente defendidas por alguns pesquisadores. Uma dessas posturas é a separação entre o exótico e o nativo, demonizando um e exaltando o outro. Defendi radicalmente, durante muitos anos, que as espécies de plantas exóticas traziam consigo muitos problemas ambientais e, portanto, deveriam ser substituídas pelas espécies nativas, pois além das vantagens competitivas, ausência de predadores e adaptações climáticas, tais plantas exóticas criavam obstáculos para as plantas nativas de nossos biomas. Procurei plantar mais de 13 mil árvores nativas nestes 50 anos, nos diferentes lugares onde morei, testemunhando o meu apreço radical pelas espécies nativas. Em sala de aula, minha postura era evidenciada por uma série de argumentos em defesa de nossas espécies nativas, exaltando estas e polemizando aquelas oriundas de outras nacionalidades.

Mesmo defendendo esta tese, pois não é razoável continuar introduzindo espécies de outros países e ignorando a riqueza da flora brasileira, hoje vejo que muitas espécies consideradas exóticas já se nacionalizaram, diminuindo os riscos ambientais e prestando um serviço na arborização, na fruticultura, na dendrologia e na economia local e nacional. Isto não significa que tenhamos que flexibilizar e ignorar as regras e controles biológicos, pois algumas espécies exóticas continuam sendo invasoras, acarretando muitos problemas à saúde e ao meio ambiente.

Acontece que as mudanças climáticas vêm nos levando a rever alguns serviços ambientais de várias espécies de plantas, independentemente de sua origem geográfica. Temos que ser menos radicais e mais cautelosos, pois muitas dessas plantas que estão adaptadas e nacionalizadas há décadas e séculos, prestam serviços ambientais que devem ser levados em conta. Uma eventual erradicação de algumas dessas espécies, tidas como exóticas, poderá, com as mudanças do clima, ocasionar riscos e desequilíbrios locais e regionais. Em suma, a rapidez das mudanças climáticas nos leva a moderar posturas radicais, relativizando as origens e procedências, e obrigando-nos a olhar mais e mais os serviços ecológicos que muitas espécies prestam ao meio ambiente e à sociedade. Priorizar as plantas nativas e ser mais flexível com as plantas exóticas é minha atual postura como biólogo e defensor do meio ambiente.

Razões para acreditar na inteligência das plantas

Dentro de uma visão sistêmica da inteligência, incluindo humanos e não humanos, nos últimos anos têm aparecido pesquisas e publicações revelando que além da inteligência reflexiva, apoiada em sistemas centralizados, como acontece na inteligência humana, existem outras formas de inteligência, presentes em animais e plantas. Tais perspectivas ajudam a compreender as distintas formas de inteligência na natureza. No mundo animal, tais inteligências são coordenadas por sistemas centralizados no cérebro, articulados com outros órgãos biológicos, embora existam grupos animais (por exemplo, águas-vivas, estrela-do-mar) nos quais o sistema nervoso é descentralizado, ou nos quais (por exemplo, esponjas-do-mar) nem sequer há sistema nervoso. No mundo das plantas, a inteligência é distinta, pois mesmo não tendo sistemas centralizados, ela se manifesta de maneira articulada, dinâmica e interativa. As plantas são constituídas de organizações celulares e teciduais independentes, com funções específicas, porém articuladas e altamente funcionais. Autores inovadores como Stefano Mancuso, entre outros, têm pesquisado e divulgado artigos e livros sobre a inteligência das plantas.

Empolgado com esta temática, que ajuda as pessoas a manterem uma relação mais afetiva e proximal com as plantas, publicamos dois livros sobre esta questão, um denominado *Inteligência verde* (2019) e outro, *Comportamentos inteligente das plantas* (2020). Quando me perguntam quais são os motivos para acreditar que as plantas são seres vivos inteligentes, procuro argumentar com as seguintes razões:

1. *Razão sistêmica*: Dentro de uma visão sistêmica de mundo, existem diferentes manifestações da inteligência entre os seres vivos, algumas apoiadas em sistemas nervosos centralizados e outras

em sistemas descentralizados, como nas plantas, onde as células e tecidos são independentes, com funções específicas, mas que funcionam de maneira articulada, cooperativa, eficiente e altamente resiliente.

2. *Razão científica*: Embora o filósofo Aristóteles afirmasse que existe uma inteligibilidade nos diferentes seres vivos, foi Charles Darwin quem lançou a hipótese científica sobre um sistema inteligente nas raízes das plantas, semelhante ao cérebro de um animal inferior. Esta teoria foi enfatizada e defendida pelo seu filho Francis Darwin, que admitia uma inteligência nas plantas, embora tenha sido muito criticado por outros cientistas de sua época. Com o advento de uma nova área da ciência, denominada neurobiologia vegetal, as experiências vêm comprovando que as plantas possuem uma forma de inteligência distinta e descentralizada, percebida nos mecanismos adaptativos, reprodutivos, comunicativos, nas estratégias de defesa, na resolução dos problemas, nas formas de vida social etc. Aquilo que no passado era visto como sistemas repetitivos, mecânicos e vegetativos, hoje são

considerados mecanismos que manifestam formas inteligentes e distintas de ser e viver, adquiridas ao longo da história evolutiva dos seres vivos no planeta Terra.

3. *Razão teológica e criacional*: Na perspectiva religiosa, apoiada nos livros inspirados e sagrados, o Criador é responsável por todas as formas de vida existentes, criando-as e permitindo-as que surgissem e evoluíssem, tanto para manifestar o amor e a grandeza de sua obra, como para manter o equilíbrio da vida, delegando a responsabilidade de cuidar ao ser humano, criado a sua imagem e semelhança. Ao dar aos seres humanos, ao longo do processo evolutivo, uma forma de inteligência reflexiva, única entre os seres viventes, o Criador confiou a eles a missão de guardar, amar e administrar todas as demais formas de inteligências existentes na natureza. A maioria das formas de inteligência existentes na Criação são anteriores à inteligência reflexiva dos seres humanos, cabendo a nós a tarefa de conhecer, estudar, divulgar e preservar as demais formas de inteligências existentes. O Criador não criou nada sem inteligência e sem

sentido, dotando cada ser criado com uma forma singular e distinta de ser, agir e sobreviver.

4. *Razão de futuro*: Com a ascensão e o crescimento da inteligência artificial, apoiada muitas vezes em modelos centralizados de alguns seres vivos, abre-se também um caminho para outras formas de inteligência, entre elas a inteligência descentralizada das plantas. Não tenho dúvida que novas fronteiras se abrirão para as pesquisas em outros modelos funcionais, cooperativos, eficientes e resilientes, como acontece no mundo das plantas. Sistemas descentralizados poderão servir de referência para as tecnologias do futuro. Se a internet é apoiada em sistema descentralizado, constituindo um sucesso inquestionável, por que não sonhar que um dia outros mecanismos descentralizados e inteligentes, como acontecem no mundo das plantas, poderão também servir de referência para ampliar e melhorar a nossa qualidade de vida? O desafio está posto, basta sonhar e acreditar!

O drama de Apolo e Dafne vivido hoje na relação do homem com a natureza

Conhecemos a importância do drama entre o deus *Apolo* e a ninfa *Dafne*, na mitologia grega, narrado de maneira épica e poética pelo grande poeta Ovídio, em sua obra *Metamorfoses*. Ovídio nasceu em 43 antes da era cristã e faleceu entre 17 ou 18 depois de Cristo. A intuição de Ovídio inspirou artistas e escultores com Gian Lorenzo Bernini, além de centenas de poetas antigos e contemporâneos. Até hoje esse mito continua a ser estudado e divulgado em livros e teses.

O amor apaixonado, carnal e incontrolado de *Apolo* não era correspondido pelo amor virginal de *Dafne*, que tinha outras opções, tais como a caça e as florestas. O desejo incontrolável de *Apolo* resulta em uma perseguição a *Dafne*, que procurava fugir para não ser atingida pela paixão desordenada desse deus. Neste drama entre o desejo amoroso descontrolado de *Apolo*, e a vontade de não corresponder em razão de outras prioridades de *Dafne*, a mediação do pai da ninfa, o deus-rio *Peneu*, foi fundamental para transformá-la em uma árvore chamada loureiro.

Brilhantemente, Bernini retrata este drama em uma escultura de mármore, que se encontra hoje no museu da Villa Borghese em Roma. Nela podemos contemplar o ataque corporal de *Apolo* e a fuga desesperada de *Dafne*, cujo corpo se transforma lentamente na árvore loureiro. É fantástico perceber os seus braços transformando-se em ramos, o seu corpo em casca do tronco e seus dedos dos pés em raízes adventícias. Ao se transformar em árvore, os valores fundamentais de *Dafne* são protegidos, enquanto o amor possessivo de *Apolo* mergulha em frustração.

O mito reforçou historicamente o poder simbólico da planta louro (*Laurus nobilis*), tida como expressão de poder entre alguns imperadores romanos, além dos aspectos medicinais e culinários. Pela sua capacidade resiliente de enfrentar os desafios edáficos e climáticos, esta árvore pode atingir cerca de 10 metros de altura, sendo cultivada na região mediterrânea e em várias partes do mundo. Nas Sagradas Escrituras judaico-cristãs ela é considerada uma planta vigorosa, cuja imagem é usada antropologicamente para retratar a fortaleza de algumas pessoas.

A escultura sobre o mito nos leva a uma reflexão sobre a relação que hoje vivemos entre o homem e a natureza: de um lado, este instinto possessivo do ser humano de apropriar-se da diferença, seja ela humana ou não, para satisfazer as suas ambições desmedidas; de outro, o poder transformador e resiliente do ser humano e dos demais seres vivos, capaz de dar uma resposta contrária a esta apropriação sem limites. Infelizmente, na relação homem-natureza, temos hoje vários deuses *Apolo*, que por interesses pessoais, corporativos e econômicos avançam sobre os nossos biomas e ecossistemas, destruindo-os, gerando conflitos sociais e deixando um legado ambiental negativo para as gerações atuais e futuras. Felizmente, a natureza é uma *Dafne*, que evolutivamente foi adquirindo um grande poder resiliente e inteligente, capaz de regenerar processos alterados ou de dar respostas negativas que afetam os solos e climas, com consequências nefastas aos seres humanos. A transformação de um ser humano em uma planta, como mitologicamente aconteceu com *Dafne*, tornando-se um loureiro, é uma passagem entre a inteligência reflexiva e centralizada do ser humano para uma nova forma de viver uma inteligência colaborativa e descentralizada, característica do mundo das plantas. Se os amores possessivos dos "apolos" destruidores se frustram, os triunfos das "dafnes" imperam pela capacidade de enfrentar barreiras, superar obstáculos e criar novas alternativas resilientes, como tem acontecido com as plantas ao longo da história geológica da vida.

Nestes tempos de mudanças climáticas, onde estamos pagando um preço alto pela destruição da natureza, é de bom alvitre que busquemos na imagem do mito de *Apolo* e *Dafne* uma reflexão que nos ajude a compreender melhor os nossos limites na relação com toda a Criação.

Floresta Amazônica: um patrimônio nacional da humanidade

A grandeza e a riqueza, tanto biológica como cultural, faz com que a Floresta Amazônica seja considerada ao mesmo tempo um patrimônio nacional e internacional, ainda que sua soberania geopolítica pertença ao território das nações onde geograficamente o bioma está relacionado. A Constituição Brasileira (art. 225) afirma que a Floresta Amazônica é um patrimônio do Brasil, assim como a Mata Atlântica, a Serra do Mar, a Zona Costeira e o Pantanal.

No entanto, nos últimos anos, dado a sua importância para todo o planeta Terra, pelas crises dos recursos hídricos, a diminuição da biodiversidade, o crescimento da extinção de espécies e as mudanças climáticas, têm se levantado a discussão de que a Floresta Amazônica é um bem de caráter universal, que presta um serviço a toda a humanidade, sendo, portanto, um patrimônio da casa comum planetária. Na Encíclica *Laudato si'*, o Papa Francisco, ao mesmo tempo que fala sobre a importância da Floresta Amazônica para o conjunto do planeta e o futuro da humanidade, nos alerta para os interesses econômicos das corporações na internacionalização da floresta, atentando contra as soberanias nacionais (n. 38). Certamente, temos que manter uma vigilância sobre esse assunto, principalmente quando sabemos que alguns países utilizam o discurso ecológico da internacionalização da Amazônia não tanto para a defesa desse patrimônio, mas por outros interesses comerciais, sobretudo quando se sentem ameaçados pela expansão do agronegócio brasileiro em escala mundial.

Diante deste pertencimento de caráter nacional e internacional, levanta-se a pergunta sobre a questão de ser a Floresta um patrimônio local e global. É sobre isso é que tentaremos tecer algumas considerações.

Não podemos negar que o grande território pan-amazônico, que envolve nove países, é o único lugar do planeta onde se concentra as duas grandes riquezas, a cultural e a ambiental, pois temos de 2 a 2,5 milhões de indígenas, falando cerca de 250 línguas. Isto não se vê mais em nenhuma parte do planeta Terra. Por outro lado, estes povos tradicionais são originários de antepassados ligados a outros continentes, como o africano e o asiático, reforçando assim os laços intercontinentais. No que se refere à riqueza de recursos hídricos, a região pan-amazônica detém de 15% a 20% de toda a água doce do planeta, manancial fundamental para a sobrevivência dos ecossistemas, das espécies da fauna e da flora e da saúde e subsistência da espécie humana. Não podemos esquecer que o nosso planeta dispõe de apenas 3% de água doce, pois as demais formas de água estão nos oceanos e geleiras. Como eticamente a água é considerada um bem de caráter universal, que não pode ser privatizado e apropriado unicamente por um país, a riqueza hídrica da região pan-amazônica passa a ter uma relevância para o futuro da humanidade, sobretudo com o aumento da escassez da água em escala mundial, intensificando os conflitos e guerras pela disputa deste bem da natureza.

Tratando-se da megabiodiversidade da região pan-amazônica, que abriga 15% das espécies existentes no planeta, a relação entre o caráter nacional e internacional da Floresta Amazônica é um pouco mais complexo. Primeiro porque o conceito de soberania geopolítica não se aplica integralmente às espécies da fauna e da flora, pois tanto no passado geológico, como na história atual, os gêneros e espécies têm ligações biogeográficas com outros continentes e ecossistemas extraterritoriais. As rotas migratórias e os processos de especiação e dispersão vão além das fronteiras das nações, pois muitos animais migraram ou chegaram à floresta pelas ligações intercontinentais. O mesmo ocorre com algumas espécies de plantas, ora intercambiando com as florestas tropicais da América Central, ora com a nossa Mata Atlântica e demais formações florestais.

Quando se analisa o clima, que também é um bem comum de caráter universal e um patrimônio de toda a humanidade, percebe-se o quanto ele está ligado a fatores e processos que vão além das fronteiras nacionais. Os ventos alísios, que sopram trazendo umidade para a Floresta Amazônica, são oriundos de outros lugares, muito além das fronteiras geopolíticas. As poeiras que trazem partículas suspensas de fosfato que nutre o solo da floresta têm origem nos desertos da África. Assim, as mudanças climáticas que afetam e alteram os ciclos e a dinâmica da floresta passam a ser também um desafio para toda a humanidade, pois sua macro escala rompe as fronteiras e as soberanias, modificando e trazendo consequências nefastas em escala local e global.

Finalmente, a floresta pan-amazônica pode ser teologicamente considerada um patrimônio local e global de toda a humanidade na perspectiva criacional, pois foi o Criador quem permitiu a evolução de todo o bioma, dotando as espécies da fauna e da flora de amor, beleza e inteligência, estabelecendo uma aliança com todos os seres viventes, conforme os relatos do Gênesis (9,8-17). Sendo também um patrimônio teológico, automaticamente é um patrimônio de toda a humanidade, pois Deus, na perspectiva da fé, é o sentido absoluto de tudo o que existe. Daí nasce o compromisso do ser humano em administrar, nacional e internacionalmente, a obra do Criador, não como donos e proprietários, mas como guardiões responsáveis pelo direito da vida de todos os seres viventes que habitam a casa comum planetária, seja os que compõem a territorialidade amazônica, como todas as demais territorialidades que integram os diversos biomas e ecossistemas do planeta Terra.

Nesta perspectiva, a Floresta Amazônica é uma responsabilidade patrimonial tanto dos brasileiros como de toda a humanidade. Usar os recursos hídricos, minerais e biológicos de maneira racional e sustentável, é um dever de todos, principalmente dos brasileiros que detêm a maior parte da região pan-amazônica.

Ao discutir o conceito de patrimônio nesta perspectiva sistêmica, onde o local está intimamente articulado com o global, e a soberania dos países articulada com os direitos planetários universais, não esqueçamos que antes das fragmentações geológicas em eras remotas, a *Laurásia* e a *Gondwana* eram grandes massas continentais unidas em uma única soberania (*Pangea*), permitindo compartilhar espécies, realizando trocas e fluxos gênicos, e gerando ancestralidades responsáveis pela grande riqueza biótica que hoje usufruímos, e que continua a prestar um serviço ambiental inquestionável para toda a humanidade.

Vozes proféticas da problemática socioambiental

Diante da atual crise socioambiental mundial, agravada pelas mudanças climáticas, nossos olhares se voltam para as vozes proféticas das ciências, das religiões e dos pensadores, buscando ajuda para compreender a complexidade da problemática em que vivemos. Há mais de três décadas que os estudos científicos vêm nos alertando que o modelo de desenvolvimento que a humanidade vem trilhando, apoiado em matrizes de combustíveis fósseis, na destruição dos biomas e ecossistemas, na concepção ilimitada do uso dos recursos naturais e em um progresso econômico que gera riqueza e pobreza, tudo isso mostra o quanto o planeta Terra está caminhando para a exaustão, modificando os seus ciclos e cadeias interativas.

Mesmo com os avanços tecnológicos dos últimos tempos, a ciência está ainda muito aquém das soluções capazes de frear ou reverter os problemas em grandes escalas, restando apenas os mecanismos de previsão, as medidas mitigatórias e os alertas para os processos adaptativos diante da irreversibilidade das mudanças climáticas. São vozes proféticas que encontram apoio e rejeição, sobretudo porque a virtude da sabedoria encontra-se em batalha com a contra-virtude da ignorância, apoiada em falácias negacionistas e desenvolvimentistas.

Uma voz profética vem também das tradições religiosas, pois, apoiadas nos Escritos Sagrados, reconhecem que a humanidade se distancia dos desígnios do Deus Criador, pois além de romper com a Aliança entre o Criador e as criaturas, o ser humano vem perdendo a sua capacidade de ser guardião e administrador da Criação, tornando-se explorador contumaz, cuja ambição desmedida destrói a casa comum, extingue espécies, devasta a natureza, quebra o equilíbrio dos ciclos biológicos e climáticos, colocando em risco a vida humana e de todos os seres viventes. Sem dúvida, o eco mais universal desta voz profética tem vindo nos últimos anos do Papa Francisco, sobretudo na sua Carta encíclica *Laudato si'*, publicada em 2015. Nela, o líder religioso chama a atenção do que está acontecendo em nosso planeta, mostrando as causas dos desequilíbrios socioambientais, criticando os modelos incompatíveis com o desenvolvimento sustentável, resgatando um olhar teológico mais profundo entre Criador e criaturas, propondo uma mudança de paradigma e sugerindo a prática de ações que contribuam para minimizar os impactos das mudanças climáticas. Infelizmente, grande parte dos cristãos, mesmo dos católicos, ainda não percebeu a importância desse apelo profético, sobretudo diante desse momento dramático em que vivemos, onde as silenciosas e progressivas mudanças climáticas se manifestam em várias partes do planeta, com previsões futuras mais dramáticas e catastróficas.

Preocupado com os avanços e as consequências das mudanças climáticas, e os passos lentos que estão sendo dados nas políticas públicas, nacionais e internacionais, sobretudo no que se refere às questões socioambientais, o Papa Francisco lançou em outubro de 2023 mais um apelo profético através de uma Exortação apostólica chamada de *Laudate Deum*, uma espécie de complemento da *Laudato si'*. Este documento nos convida a refletir não só as questões novas, surgidas nos últimos tempos, e a nossa responsabilidade geracional, mas, também, o quanto estamos avançando ou não nas questões socioambientais da casa comum, pois não podemos postergar a gravidade da crise em que vivemos.

Outra voz profética vem de pensadores e ambientalistas, com diferentes visões e interpretações, algumas mais alarmistas, outras mais afinadas com os dados das ciências, e, ainda, algumas mais provocadoras, ajudando-nos a pensar e a refletir sobre a problemática atual. Dentre os inúmeros pensadores, gostaríamos de recordar o economista, sociólogo e ambientalista Jeremy Rifkin, este norte- americano que tem difundido as suas reflexões em livros e artigos, muitos conhecidos nas redes sociais. Para ele, o *antropoceno* nos mostra o fim dos combustíveis fósseis e das guerras apoiadas nesta matriz energética, que tanto jogou para a atmosfera as poluições que geraram o aquecimento global. É a sexta era geológica de extinção, na qual a escala de tempo é a mais curta entre todas as demais na história do planeta. Para Rifkin, mais do que a globalização, vivemos um processo de *glolocalização*, pois tantos as ações locais, como os efeitos danosos das mudanças climáticas, ocorrem em locais geográficos distintos de nosso globo. Na visão do pensador, o ritmo das mudanças climáticas é muito maior do que as ações de mitigação e adaptação que estamos fazendo em todo o planeta, além do fato de que tais mudanças têm aumentado e espalhado novas doenças sobre a face da terra. Estamos passando do paradigma da eficiência para o paradigma da resiliência, pois o ser humano, juntamente com as bactérias e vírus, tem a capacidade de buscar alternativas diante dos impasses existenciais. O paradoxo é claro, pois ao mesmo tempo em que temos que limitar o aquecimento global, somos obrigados a buscar mecanismos adaptativos para enfrentar as mudanças que revelam cenários assustadores nas próximas décadas.

Que possamos estar atentos a estas vozes proféticas que ecoam nos diferentes recantos do nosso planeta, convidando-nos a pensar e a mudar as coisas enquanto ainda é tempo. Seria muito triste se as gerações futuras convivessem com um planeta ecologicamente desequilibrado e impossibilitado de reverter os danos ambientais provocados pelas gerações pregressas. Seria muito frustrante se a força resiliente do ser humano fosse limitada pela incapacidade de encontrar saídas inteligentes e sustentáveis para um planeta em permanente estado de mudanças irreversíveis.

Legados e memórias

50 anos de ensino, pesquisa e aprendizagem

A minha feliz, prazerosa e iluminada trajetória existencial de ensinar e pesquisar começou no ano de 1974, quando iniciei o magistério, ensinando em uma escola de ensino médio e colaborando como monitor nas aulas de graduação da Universidade Católica de Goiás, hoje PUC-Goiás. Na Escola Carlos Chagas, em Goiânia, comecei a lecionar uma disciplina de botânica para 12 turmas do 1º e 2º anos do ensino médio, nas quais os conteúdos teóricos e práticos eram transmitidos ao mesmo tempo em salas de aula. Com meus 23 anos de idade, tinha uma energia que me possibilitava andar pelo bioma cerrado com uma pequena moto *Yamaha*, recolhendo material de folhas, flores, frutos e sementes, que seriam depois utilizadas nestas aulas práticas bastante movimentadas. Cada turma tinha cerca de 50 alunos, todos adolescentes agitados e ávidos por aprender os detalhes morfológicos das plantas. Não era fácil manter o entusiasmo e a disciplina juvenil da maioria daqueles jovens de classe média da sociedade goianiense, cujo colégio, na época, gozava de grande reputação entre as famílias que optavam por um ensino privado de qualidade. Tínhamos aulas todas as manhãs, de segunda a sexta, o que me obrigava a recolher o material prático entre 6-7 horas da manhã, pois às 8 horas iniciavam as aulas. Nos períodos da tarde e noite, eu trabalhava e estudava na Universidade Católica de Goiás, atuando como funcionário dos laboratórios do Curso de Ciências Biológicas. Era ao mesmo tempo funcionário, aluno e monitor nas disciplinas de Botânica I, II e III, ou seja, anatomia, morfologia e taxonomia. Disposição, determinação, desejo de aprender e transmitir saberes científicos era algo que não me faltava. Depois de dois anos neste ritmo, optei por me dedicar somente a lecionar como monitor no curso de ciências biológicas, que concluí em 1976.

    Neste tempo de aluno e monitor na Universidade, iniciei as minhas atividades de pesquisa, elaborando coleções de madeiras, frutos e amostras para um novo herbário que iniciamos com as primeiras coletas nos cerrados. Mais tarde, todas as minhas coletas em Pirenópolis foram incorporadas na coleção. Achamos por bem nomear o novo herbário em homenagem ao naturalista francês Auguste de Saint-Hilaire, que coletou plantas no século XIX na antiga província de Goiás. A formação do herbário foi a minha primeira pesquisa de campo, onde nos finais de semana saía com a minha moto para coletar amostras em algumas áreas de cerrados em Goiânia. Uma dessas áreas de coleta se encontravam onde hoje está o estádio de futebol Serra Dourada, pois ali existia uma vegetação de cerrado bastante rica em espécies vegetais. Infelizmente, tudo desapareceu com a urbanização desta localidade. Quando concluí a faculdade, a coleção do herbário estava catalogada e identificada, trabalho que procurei fazer sistematicamente com o auxílio dc cstcrcoscópio binocular e literatura científica.

Quando entrei para a vida religiosa na Companhia de Jesus, em 1977, tive que interromper parcialmente as minhas atividades de ensino e pesquisa. Mesmo assim, nos lugares onde morei sempre procurei manter contatos, participar de cursos de extensão e fazer um mínimo de pesquisa em Botânica: em Campinas, na Unicamp; no Rio de Janeiro, no Jardim Botânico; e em Belo Horizonte, na UFMG. Na Unicamp, frequentava uma vez por semana o Departamento de Biologia Vegetal, onde mais tarde fiz o mestrado e o doutorado. No Jardim Botânico do Rio de Janeiro, no setor de taxonomia, fazia pesquisa no Herbário e identificava plantas, sempre como o apoio da grande mestra Dra. Graziela Maciel Barroso, mais tarde minha orientadora de dissertação e tese. Na UFMG, no Departamento de Botânica, participei de pesquisas com a Profa. Telma Grandi, sobretudo em coletas mensais na Serra da Piedade.

Durante o tempo de minha formação religiosa, sobretudo nos anos de estudos em filosofia e teologia, aproveitava os feriados e as férias para estudar e pesquisar uma coleção botânica existente no Colégio Anchieta em Nova Friburgo. Além de atualizar e registrar o Herbário, que mais tarde recebeu a sigla internacional – FCAB (Friburguense Colégio Anchieta Brasil), começamos a realizar várias coletas e estudos da Flora Friburguense. Criamos um boletim científico denominado de *Eugeniana*, nome dado em homenagem a um botânico jesuíta e cearense, Pe. José Eugênio Leite, SJ, que viveu em Nova Friburgo e publicou sobre algumas espécies novas de orquídeas e pteridófitas. No Boletim *Eugeniana*, publicamos 36 artigos entre os anos 1980 e 2008, a maioria sobre estudos da flora friburguense, taxonomia de *Amaranthaceae* e histórico do Herbário FCAB. Os estudos e pesquisas sobre a flora friburguense foram subsidiados pelo CNPq, onde fiquei vários anos como bolsista.

Em 1986 iniciei minha carreira universitária na PUC-Rio, como professor horista, onde lecionava um semestre no Rio de Janeiro, e no outro semestre atuava como pesquisador na UNISINOS, em São Leopoldo. Fiquei neste ritmo durante quatro anos, até que não foi mais possível pela minha promoção para o quadro de professor assistente de 40 horas no Departamento de Geografia da PUC-Rio. Neste Departamento, lecionei as disciplinas de biogeografia, ecologia geral, ecologia de florestas tropicais e ética ambiental. Permaneci ali durante

23 anos, dedicando ao ensino e pesquisa. Também ocupei cargo de coordenador, criei laboratórios e estação experimental, ajudei, junto com outros professores, na reforma do currículo do curso, agregando o binômio de Geografia e Meio Ambiente. Esta reforma curricular foi necessária, tanto para evitar o fechamento do curso, como para atender os novos apelos sobre as questões ambientais, sobretudo motivados pela Rio-92, a grande Conferência Internacional sobre Meio Ambiente e Desenvolvimento, ocorrida na cidade do Rio de Janeiro, em 1992. Em 1999, com ajuda de outros departamentos, criamos o Núcleo Interdisciplinar de Meio Ambiente (NIMA), onde executamos vários projetos de educação ambiental e mapeamento da flora do campus da PUC-Rio, patrocinados por empresas estatais e privadas. Foram anos de muita dedicação no ensino e na pesquisa, onde atuava nos períodos matutino, vespertino e noturno. Participei de inúmeros congressos e simpósios científicos, nacionais e internacionais, além de manter as publicações científicas em periódicos da minha área do conhecimento, e a edição de alguns livros em Botânica, educação ambiental e ética

socioambiental. Quanto aos livros, tratarei sobre o assunto no próximo capítulo.

Na Geografia, tive a oportunidade de conviver com excelentes geógrafos, e formar bons alunos, muitos dos quais se destacaram profissionalmente no ensino superior e na pesquisa em instituições públicas e privadas.

Quando foi criado o curso de Biologia na PUC-Rio, ao qual me empenhei de maneira determinada no projeto de criação, transferi-me para este novo Departamento, tanto para continuar lecionando e mantendo as minhas pesquisas e publicações, como para apoiar os meus estimados colegas e professores biólogos. No Departamento de Biologia, convivendo com jovens e promissores professores e pesquisadores, tenho a alegria de celebrar os meus 50 anos de ensino e pesquisa, procurando deixar para os alunos o legado de quem sempre se dedicou ao serviço da fé e da ciência. Estou convicto de que os livros da natureza e os livros sagrados podem ser lidos e vividos sem nenhuma incompatibilidade. Embora distintos, tais livros contêm história e sabedoria que ajudam a desvendar os mistérios imanentes e transcendentes da vida.

Nestes 72 anos de vida, 50 dos quais dedicados ao ensino e pesquisa, contemplei a história através de mudanças políticas, eclesiais e culturais, pois neste período passaram 17 Presidentes da República do Brasil e sete Papas, além da mudança analógica para a digital, do mimeógrafo para o *xerox*, dos *slides* para os *pendrives*, do telefone clássico para o celular e do cheque e dinheiro vivo para o *Pix*. Foram anos de muitas aprendizagens, tanto sociais como acadêmicas, incluindo os 18 anos dedicados à gestão como vice-reitor e reitor da PUC-Rio. A mística da espiritualidade inaciana me ajudou a acolher, adaptar, administrar e amadurecer diante dos desafios, sobretudo na máxima inspirada em três realidades: tempo, circunstância e pessoas. O tempo exige conservar alguns valores fundamentais, mas exige também estar aberto aos sinais dos tempos novos, com a consciência que esta temporalidade transitória é mutável, traz novos desafios, deixa traços de abertura, relativiza o comodismo, alimenta a criatividade e permite dar continuidade aos processos exitosos que nos precederam. A circunstância, seja ela global, regional ou local, exige que possamos avançar ou recuar, tendo a prudência como paradigma, pois se ela falta, atropelamos processos, não acertamos nas grandes decisões, provocamos rupturas, ignoramos o passado e corremos o risco de sermos criticados e punidos por instâncias que estão acima de nosso poder transitório. Dentro de marcas institucionais fortes, a tomada de decisões deve levar em conta as circunstâncias no processo de discernimento, evitando o protagonismo pessoal exagerado, as divisões internas e o clima de descontentamento e desconfiança. Por fim, as pessoas, pois é com elas que podemos contar na missão comum que nos foi confiada. Por serem tão diferentes, no modo de ser e de agir, o conhecimento das pessoas é um processo que exige convivência, escuta, cuidado e respeito, pois Deus se revela de maneira distinta em cada pessoa. Ao longo desses anos, sempre tivemos facilidade em conviver com pessoas distintas, independente de raça, credo ou opção de vida, o que nos possibilitou construir laços profundos de amizade, sejam com aquelas relacionadas ao ambiente de trabalho, ou com as que foram alimentadas na caminhada de fé. Quanto a estas últimas, considero-as o maior presente que Deus me proporcionou, pois são amizades fundamentadas no amor desinteressado, na gratuidade fraterna e na solidariedade, o que não tem preço. Sempre me recordo de uma cantiga de infância onde se dizia que a amizade verdadeira é um tesouro que vale mais do que um monte de ouro e faz a gente ser feliz. É sublime e consolador olhar a vida vivida e construída através de laços sólidos de amizade, presente que carregaremos até a dimensão transcendente da existência humana.

Um pouco da história dos meus livros publicados

Ao longo destes 50 anos de ensino e pesquisa, nunca deixei de publicar os resultados de minhas pesquisas e reflexões. Em periódicos científicos foram cerca de 70 artigos. Os livros, foram 27, sempre com a preocupação de serem pequenos opúsculos, que pudessem ser lidos com facilidade, popularizando os conteúdos científicos, acadêmicos e pastorais, acessíveis a todos os públicos. Sobre estes livros, gostaria de tecer alguns comentários.

Meu primeiro livro foi publicado pelas Edições Loyola em 1981, denominado *Utilização popular das plantas do cerrado*. Foi escrito durante o meu mestrado na Unicamp, onde percebi a necessidade de divulgar muitos saberes acumulados sobre a utilização medicinal de plantas do bioma cerrado. Tive o cuidado de associar a linguagem científica com a popular, acessível, portanto, para os biólogos e para o povo em geral. No ano de 1988, durante o doutorado, outro pequeno livro, com conteúdo e metodologia semelhantes, foi publicado: *Plantas medicinais: identificação e uso das espécies dos cerrados*. Hoje, ambos estão esgotados.

Desejoso de oferecer às pessoas algumas meditações espirituais, inspiradas no comportamento de seres vivos na natureza, publicamos em 1991 um pequeno livrinho que foi um sucesso naquela época. Trata-se de *Um olhar sobre a natureza*. No retorno do doutorado, motivado pelas questões candentes do meio ambiente, elaboramos um projeto de pesquisa para levantar e identificar as espécies vegetais no campus da Universidade. O fruto desta pesquisa resultou na publicação de um livro, em 1992, chamado *Flora do campus da PUC-Rio*, patrocinado por empresas privadas. Esta publicação permaneceu alguns anos como presente da reitoria para os visitantes da Universidade, brasileiros e estrangeiros.

Ao regressar de um período em que passei na Espanha, senti a necessidade de escrever um outro livro que pudesse revelar as questões ecológicas como algo presente na espiritualidade inaciana. Daí publicamos em 1995 um livrinho ilustrado denominado *Meditações ecológicas de Inácio de Loyola*. Este livro foi muito utilizado e divulgado nos retiros ecológicos que realizamos ao longo dos anos, em várias regiões do Brasil.

Com a reforma do novo currículo do Departamento de Geografia e Meio Ambiente, foi introduzida a nova disciplina de ética ambiental, que ficou sobre a minha responsabilidade. Reuni algumas reflexões pessoais, apoiadas em outras referências bibliográficas, resultando no livro *Ética e Meio Ambiente* (1998), que serviu de subsídio para a referida disciplina. Esgotada a primeira edição tivemos que publicar uma outra em 2002.

Participando anualmente dos congressos nacionais de Botânica, percebi que era preciso oferecer ao público científico algumas orações sobre os biomas brasileiros e algumas espécies da flora brasileira. Isto resultou, no ano de 2000 um livro intitulado *Orações ecológicas*, muito apreciado pelos biólogos e botânicos.

Entre os anos de 2002 e 2003, fizemos um projeto, com participação de alguns professores da PUC-Rio, com o objetivo de levar as reflexões e práticas da educação ambiental para a formação de professores em vários municípios do Estado do Rio de Janeiro. Sob a minha coordenação, publicamos alguns livrinhos que serviram de subsídios nas escolas de Nova Friburgo, Quissamã, Mangaratiba, Angra dos Reis e Rio das Ostras. Foram três livros amplamente divulgados nestes municípios, servindo de referência para a educação ambiental.

Com o objetivo de compreender a importância entre as questões ambientais, culturais e o desenvolvimento sustentável, organizamos um seminário interdepartamental, que resultou, em 2004, em outro livro: *Meio ambiente, cultura e desenvolvimento*. No mesmo ano, pensando em deixar um legado para a terra goiana onde nasci, reuni uma série de artigo de minha autoria e publiquei um opúsculo chamado *Pirenópolis: identidade territorial e biodiversidade*.

Motivados pela problemática dos recursos hídricos, organizamos um simpósio na PUC-Rio, com participação de vários departamentos, sob a minha coordenação e da professora Denise Pini Rosalem da Fonseca. Esta visão sistêmica da água, abordada a partir dos diferentes saberes, resultou no livro: *Sobre as águas* (2004), até hoje usado como referência bibliografia em alguns departamentos.

Durante muitos anos fui orientador espiritual de vários grupos de casais, onde todos os meses refletíamos sobre temáticas bíblicas e espirituais. Incentivado pelas pessoas que integravam tais grupos, reuni os diferentes textos e publiquei em 2006 o livro: *Espiritualidade ao alcance de todos*, ainda hoje utilizado em paróquias e movimentos religiosos. Na medida em que crescia a demanda pelos retiros ecológicos, achamos por bem associar as temáticas espirituais com as questões ambientais. Isto resultou em outro livro: *Espiritualidade e meio ambiente,* publicado em 2008.

Com o aumento das preocupações éticas com o meio ambiente, tivemos que elaborar novas reflexões sobre esta temática, culminando na publicação do livro: *Ética socioambiental* (2009), também utilizado nos cursos da disciplina de ética ambiental.

Como lecionei muitos anos a disciplina de biogeografia brasileira, no Departamento de Geografia e Meio Ambiente, elaborei alguns textos que eram distribuídos em sala de aula. Em 2012 consegui reunir todos estes textos, transformados no livro *Abordagens biogeográficas*, do qual alguns exemplares ainda existentes são oferecidos como presente aos alunos do curso de Biologia. No ano seguinte, em 2013, a Companhia de Jesus começou a divulgar vários apelos em favor das questões ambientais, o que me motivou a escrever o livro: *Os jesuítas e a espiritualidade ecológica*. Em 2014, tive a intuição que deveria unir os meus saberes botânicos para falar das plantas com uma linguagem humana, utilizando um estilo parabólico. Assim nasceu o livro: *Parábolas fitoantrópicas*, que até hoje é apreciado por biólogos e estudantes em ciências biológicas e geográficas.

Entre os anos de 2015 e 2019, consegui escrever outros livros, sempre motivados por questões emergentes na sociedade e no meio acadêmico. A divulgação da encíclica ecológica do

Papa Francisco me levou a publicação do livro: *Laudato si': um presente para o planeta* (2016). A minha experiência como Reitor da PUC-Rio me inspirou na publicação do livro *Reflexões do mundo universitário* (2018). No ano seguinte, um novo livro sobre ética ambiental foi publicado: *Questões socioambientais* (2019), ampliando a literatura sobre esta temática.

Entusiasmado com alguns livros que estavam sendo publicados no exterior sobre a inteligência das plantas, e acreditando com convicção que as plantas possuem mecanismos inteligentes, apoiados em sistemas descentralizados, cooperativos, funcionais e resilientes, aproveitei para escrever sobre este assunto, apoiado em exemplos de plantas que ocorrem em nossos biomas e ecossistemas brasileiros. Assim nasceram dois livros, o primeiro, *Inteligência verde* (2019), e um segundo, elaborado durante a pandemia da Covid-19, intitulado *Mecanismos inteligentes das plantas* (2020). No ano seguinte, em 2021, fruto de palestras proferidas aos estudantes universitários, fui estimulado a publicar um pequeno livrinho, *Biomas e espiritualidade*, procurando mostrar que as dinâmicas ecológicas encontradas nos seis biomas brasileiros podem nos ensinar várias lições de vida.

No ano de 2022, fui convidado pelo cardeal do Rio de Janeiro, D. Orani João Tempesta, a assumir a missão de Vigário Episcopal para o Meio Ambiente e Sustentabilidade na Arquidiocese do Rio de Janeiro. Para nortear os horizontes desse novo Vicariato, publiquei um pequeno opúsculo: *Meio ambiente e sustentabilidade*, que servirá de referência para os bispos, padres, diáconos e agentes de pastoral da arquidiocese.

Finalmente, para celebrar os meus 50 anos de ensino e pesquisa, não poderia deixar de expressar minhas memórias neste novo livro, que, além de conter detalhes biográficos, vem acompanhado de algumas reflexões pessoais sobre as questões socioambientais, tão fundamentais para estes tempos de perplexidade em que vivemos.

Primeiras pesquisas nos cerrados goianos.

Estudos e pesquisas em coleções científicas
do Herbarium Friburguense (FCAB).

Memória dos inúmeros artigos e livros publicados.

Gratidão e memória daquela que orientou
a minha trajetória científica – Dra. Graziela Maciel Barroso.

Legado das 14 mil árvores plantadas ao longo
dos 50 anos de ensino e pesquisa.

Edições Loyola

editoração impressão acabamento
Rua 1822 nº 341 – Ipiranga
04216-000 São Paulo, SP
T 55 11 3385 8500/8501, 2063 4275
www.loyola.com.br